典型工业区二噁英类化合物的污染特征与健康风险评估

胡吉成　著

内容简介

本书首先介绍了工业源无意排放的二噁英类化合物；然后，引出环境大气和土壤中二噁英类化合物的分子方法，并应用这些方法，针对协同处理生活垃圾水泥窑周边土壤，典型再生铜冶炼厂周边土壤和大气，东部典型综合工业区、西北典型综合型工业区、西北锰铁循环工业区的土壤，青藏高原东北边缘处典型工业区的大气等，进行污染特征、粒径分布特征、健康风险评估、人体暴露风险评估；最后，对典型工业城市居民血清中的二噁英类化合物暴露特征进行分析。本书可供风险评价、城市规划、环境保护等相关人员参考。

图书在版编目(CIP)数据

典型工业区二噁英类化合物的污染特征与健康风险评估/胡吉成著．—北京：气象出版社，2021．5

ISBN 978-7-5029-7457-2

Ⅰ．①典…　Ⅱ．①胡…　Ⅲ．①工业污染源—影响—健康—风险评价—研究　Ⅳ．①X503．1

中国版本图书馆CIP数据核字(2021)第105993号

Dianxing Gongyequ Er'eying Lei Huahewu de Wuran Tezheng yu Jiankang Fengxian Pinggu

典型工业区二噁英类化合物的污染特征与健康风险评估

出版发行：气象出版社

地　　址：北京市海淀区中关村南大街46号　　邮政编码：100081

电　　话：010-68407112(总编室)　010-68408042(发行部)

网　　址：http://www.qxcbs.com　　E-mail：qxcbs@cma.gov.cn

责任编辑：张盼娟　　终　　审：吴晓鹏

责任校对：张硕杰　　责任技编：赵相宁

封面设计：地大彩印设计中心

印　　刷：北京中石油彩色印刷有限责任公司

开　　本：710 mm×1000 mm　1/16　　印　　张：8.5

字　　数：186千字

版　　次：2021年5月第1版　　印　　次：2021年5月第1次印刷

定　　价：35.00元

目 录

第1章　工业源无意排放的二噁英类化合物

1.1　引言

持久性有机污染物(persistent organic pollutants,POPs)由于具有高毒性、持久性、生物蓄积性和半挥发性,并且能够在全球范围内传输和分布,近几十年以来受到了人们的高度关注(王亚韡等, 2010)。随着《关于持久性有机污染物的斯德哥尔摩公约》的生效,许多人为生产的POPs在全球许多国家和地区已经被禁止生产和使用。但是,二噁英(PCDD/Fs)、多氯联苯(PCBs)、多氯萘(PCNs)仍可以在一些工业热过程中非故意产生,已成为当前环境中这些污染物的重要来源。由于PCBs和PCNs分子结构与PCDD/Fs相似,且具有类似二噁英的毒性,所以这些化合物与PCDD/Fs一并称之为二噁英类化合物。二噁英类化合物可能随工业热过程中产生的烟道气和飞灰进入环境中,从而对周边环境和居民健康构成潜在的危害。所以,工业热排放源周边区域环境中这些有毒有害化合物的污染特征已成为环境科学研究的热点。本章首先对二噁英类化合物进行介绍,然后阐述工业热过程中二噁英类化合物的生成机理和工业区环境中二噁英类化合物的来源及解析方法,最后介绍工业区土壤和大气环境中二噁英类化合物的健康风险评价方法。

1.2　二噁英类化合物简介

1.2.1　二噁英

多氯代二苯并-对-二噁英(polychlorinated dibenzo-p-dioxins,PCDDs)和多氯代二苯并呋喃(polychlorinated dibenzofurans,PCDFs)通常统称为二噁英(dioxins,PCDD/Fs),分子结构式如图1.1所示。由于苯环上氯原子取代位置和数目的不同,PCDDs和PCDFs分别有75和135种同类物。在210种同类物中,17种2378位被氯取代的同类物被证实对人体健康具有巨大危害。其中,2,3,7,8-四氯代二苯并-对-二噁英(2,3,7,8-TCDD)的毒性最大,具有强致癌性。在对PCDD/Fs毒性进行评价时,国际上常利用毒性当量因子(toxicity equivalent factor,TEF)将17种2378位被氯取代同类物的毒性折算成相当于2,3,7,8-TCDD的量来表示,称为毒性当量(toxic equivalent quantity,TEQ)。国际上PCDD/Fs的TEF有三种:国际毒性当量因子

(I-TEF)、1998年世界卫生组织发布的毒性当量因子(WHO98-TEF)和2005年世界卫生组织发布的毒性当量因子(WHO2005-TEF)(表1.1)。本书涉及PCDD/Fs毒性当量的计算均采用WHO2005-TEF。

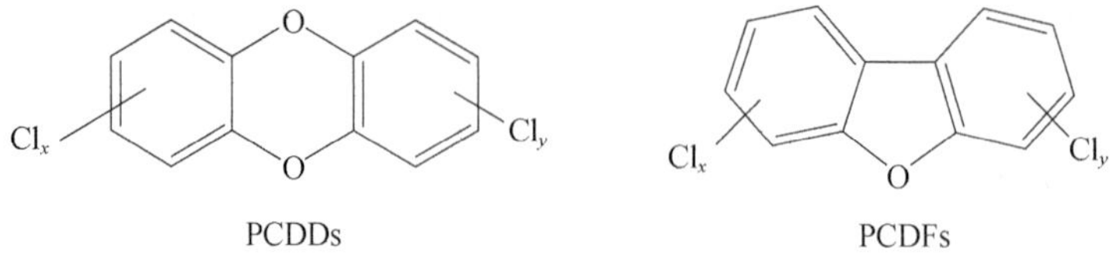

图1.1 PCDD/Fs的分子结构式

表1.1 PCDD/Fs和PCBs的毒性当量因子

PCDD/Fs	I-TEF	WHO98-TEF	WHO2005-TEF
PCDFs			
2,3,7,8-TCDF	0.100	0.1000	0.10000
1,2,3,7,8-PeCDF	0.050	0.0500	0.03000
2,3,4,7,8-PeCDF	0.500	0.5000	0.30000
1,2,3,4,7,8-HxCDF	0.100	0.1000	0.10000
1,2,3,6,7,8-HxCDF	0.100	0.1000	0.10000
2,3,4,6,7,8-HxCDF	0.100	0.1000	0.10000
1,2,3,7,8,9-HxCDF	0.100	0.1000	0.10000
1,2,3,4,6,7,8-HpCDF	0.010	0.0100	0.01000
1,2,3,4,7,8,9-HpCDF	0.010	0.0100	0.01000
OCDF	0.001	0.0001	0.00030
PCDDs			
2,3,7,8-TCDD	1.000	1.0000	1.00000
1,2,3,7,8-PeCDD	0.500	1.0000	1.00000
1,2,3,4,7,8-HxCDD	0.100	0.1000	0.10000
1,2,3,6,7,8-HxCDD	0.100	0.1000	0.10000
1,2,3,7,8,9-HxCDD	0.100	0.1000	0.10000
1,2,3,4,6,7,8-HpCDD	0.010	0.0100	0.01000
OCDD	0.001	0.0001	0.00030
PCBs			
PCB-77		0.0001	0.00010
PCB-81		0.0001	0.00030

续表

PCDD/Fs	I-TEF	WHO98-TEF	WHO2005-TEF
PCB-105		0.0001	0.00003
PCB-114		0.0005	0.00003
PCB-118		0.0001	0.00003
PCB-123		0.0001	0.00003
PCB-126		0.1000	0.10000
PCB-156		0.0005	0.00003
PCB-157		0.0005	0.00003
PCB-167		0.00001	0.00003
PCB-169		0.0100	0.03000
PCB-189		0.0001	0.00003

1.2.2　多氯联苯

多氯联苯(polychlorinated biphenyls,PCBs)分子结构式如图 1.2 所示,由于苯环上氯原子取代位置和数目的不同,PCBs 共有 209 种同类物。其中,12 种 PCBs 同类物由于具有类似二噁英的毒性被称为类二噁英 PCBs(dl-PCBs),毒性当量因子见表 1.1,其中 PCB-126 的毒性最大。本书涉及 PCBs 毒性当量的计算均采用 WHO2005-TEF。PCBs 的化学性质稳定,具有良好的热传导性、电绝缘性,曾被世界各地广泛生产并大量应用于电容器和变压器中的热交换剂和绝缘油以及填料增加剂、润滑剂和增塑剂(Yang et al.,2009)。1965—1974 年,中国共累计生产约 1 万吨的 PCBs(Xing et al.,2005)。其中大部分应用于电力电容器的浸渍剂,少部分应用于油漆添加剂等开放性用途。此外,国外生产的含有 PCBs 的电力装置也大量流入中国。这些含 PCBs 产品在生产、使用和废弃过程中有意或者无意的泄漏,造成了 PCBs 的大范围污染,并对自然环境和社会经济造成恶劣的影响。

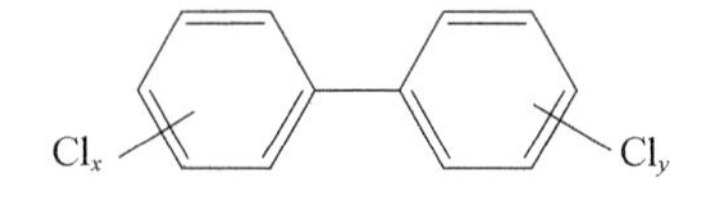

图 1.2　PCBs 分子结构式

1.2.3　多氯萘

多氯萘(polychlorinated naphthalenes,PCNs)是一类基于萘环上的氢原子被氯原子所取代的化合物的总称,分子结构式如图 1.3 所示。基于苯环上氯原子取代位置和数目的不同,PCNs 共有 75 种同类物。PCNs 曾经被广泛应用于工业的各个领域，如染色介质、木材防腐剂、纺织和造纸业、阻燃剂和电容器电介质等(Bidleman et al.，2010)。PCNs全球生产总量被估算为150000 t，大约为PCBs产量的10%(Falandysz，1998；Helm et al.，2003)。自20世纪80年代，PCNs在欧洲和美国已经被相继禁止生产和使用(Marti-Cid et al.，2008)。由于分子结构式与二噁英相似，一些PCNs同类物表现出类似二噁英的毒性，我们称之为类二噁英PCNs(dl-PCNs)。目前国际上尚无统一的换算系数计算PCNs相当于2,3,7,8-TCDD的毒性当量，表1.2列出Noma等(2004)总结的PCNs相对毒性因子(relative potency factors，RPF)。本书中涉及PCNs毒性当量的计算均采用Noma等(2004)总结的RPF。

近年来，大量研究报道工业热过程中高浓度的PCNs可被无意生成和排放，如再生有色金属冶炼、废物焚烧和炼焦(Liu et al.，2013,2014；Hu et al.，2013)。相关研究发现，在热过程中生成了一些较高含量的PCNs特征单体，而这些特征单体在工业品中的含量很低，甚至不能被检出，所以它们的浓度和贡献率明显高于其在工业品中的含量，这些特征单体被称为PCNs热相关单体(Helm et al.，2003,2004)。因此，PCNs热相关单体常用于鉴别环境中PCNs污染的来源。

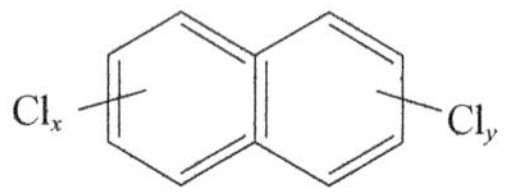

图1.3　PCNs的分子结构式

表1.2　dl-PCNs同类物的相对毒性因子

dl-PCNs同类物	RPFs	dl-PCNs同类物	RPFs
CN1	1.7×10^{-5}	CN56	4.6×10^{-5}
CN2	1.8×10^{-5}	CN57	1.6×10^{-6}
CN4	2.0×10^{-8}	CN63	2.0×10^{-3}
CN5/7	1.8×10^{-8}	CN64/68	1.0×10^{-3}
CN10	2.7×10^{-5}	CN66/67	2.5×10^{-3}
CN38/40	8.0×10^{-6}	CN69	2.0×10^{-3}
CN48/35	2.1×10^{-5}	CN70	1.1×10^{-3}
CN50	6.8×10^{-5}	CN71/72	3.5×10^{-6}
CN54	1.7×10^{-4}	CN73	3.0×10^{-3}

1.3　工业热过程中二噁英类化合物的生成机理

1.3.1　PCDD/Fs的生成机理

PCDD/Fs的生成机理已经被研究了很多年，目前提出了一些广受认可的机理。其中工业热过程中PCDD/Fs的生成机理主要有以下两种：①从头(de novo)生成，即以碳源、氯源、氧气、催化剂和适宜温度为基本条件的从头合成；②由前生体生成，即以氯苯或氯酚等为前生体在一定温度下合成(Everaert et al.，2002；Tuppurainen et al.，1998；Huang et al.，1995)。通过对实验室模拟实验中 PCDDs 和 PCDFs 浓度分布的总结，得出了热过程中由 de novo 生成和前生体生成机理生成的 PCDD/Fs 的分布特征，即由 de novo 生成的 PCDD/Fs，其 PCDFs/PCDDs 比值一般大于 1；而由前生体生成的 PCDD/Fs，其 PCDFs/PCDDs 比值一般小于 1 (Huang et al.，1995)。

近年来，针对热过程中 PCDD/Fs 的生成机理又展开了一系列工作，提出了一些新的理论。Weber 等(2001)开展了热过程中由多环芳烃(polycyclic aromatic hydrocarbons，PAHs)提供碳源生成和排放 PCDFs、PCDDs、PCBs 和 PCNs 的模拟实验。研究通过分析 PCDFs、PCBs 和 PCNs 同类物的分布，给出由 PAHs 生成这些化合物过程中可能存在的转化机制，依次为开环、加氯和加氧(图 1.4)。同时，结合流化床焚烧生活垃圾过程中 PCDD/Fs、PCBs、PCNs 和氯苯的排放特征，研究认为，流化床焚烧炉中氯代芳香族化合物生成的另一个途径为 PAHs 的从头合成。Zhang 等(2010)运用量子化学和动力学阐释了由 246-三氯苯酚和 24-二氯苯酚作为前生体生成 PCDD/Fs 的机理。结果发现在由氯酚缩合生成 PCDD/Fs 的过程中要求至少具有一个邻位取代的氯。研究认为，其结果将有助于解释废物焚烧过程中氯酚作为前生体生成 PCDD/Fs 的详细机制。此外，相关研究分析了 H_2O 和 SO_2 等因素对 PCDD/Fs 生成的影响，丰富了 PCDD/Fs 生成机理，为更好地控制热过程中 PCDD/Fs 的排放提供了理论基础(Ryan et al.，2006；Shao et al.，2010)。

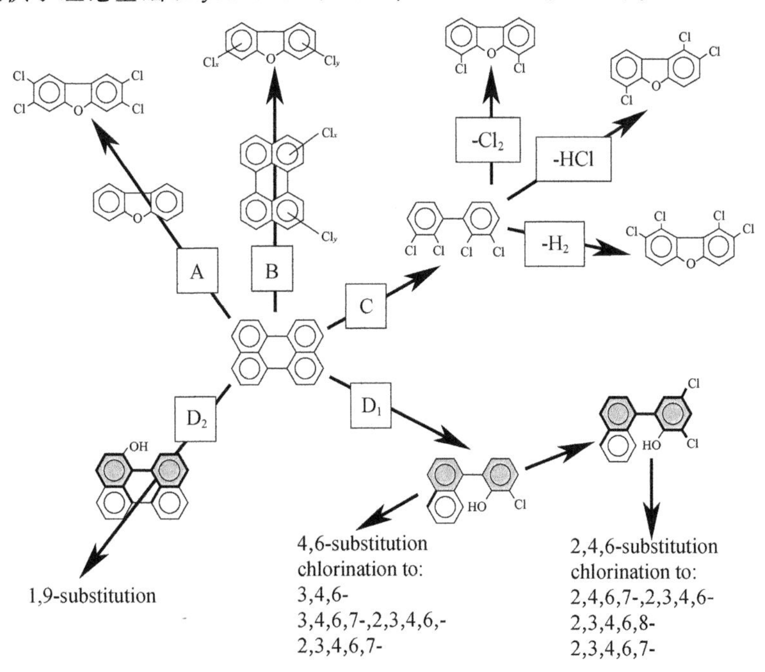

图 1.4　由 PAHs 生成 PCDFs 的可能途径和生成的主要同类物(Weber et al.，2001)

1.3.2 PCBs 的生成机理

对于 PCBs，一般认为其具有与 PCDD/Fs 相似的生成机理，具备碳源、氯源和催化剂的条件下，于适合的温度下也能够从头合成(Weber et al.，2001)。此外，相关研究表明，PCBs 也能够由氯苯作为前生体合成(Pandelova et al.，2006)。

1.3.3 PCNs 的生成机理

有关 PCNs 的生成机理，目前提出了三种可能的生成机制：萘的氯化、由 PAHs 从头合成和由氯酚缩合(Oh et al.，2007；Liu et al.，2010；Jansson et al.，2008；Weber et al.，2001)。为了分析 PCNs 的生成机理，这些研究分析了 PCNs 与热过程中排放的其他化合物(萘、PAHs 和 PCDD/Fs)的定量关系，以此推断 PCNs 是否与这些化合物具有相似的生成机理或研究由这些化合物作为前生体生成 PCNs 的可能机理。Oh 等(2007)发现，生活垃圾焚烧厂烟道气中 PCNs 与 PCDFs 的浓度间存在显著正相关性，且相邻PCNs同系物间也具有较好的相关性，由此推断 PCNs 的生成与氯化/脱氯机制有关，而且其生成机理可能与 PCDFs 相似。Imagawa 等(2001)测定了 12 家生活垃圾焚烧厂飞灰中 PCDD/Fs 和 PCNs 的含量，结果发现 PCNs 的浓度与 PCDD/Fs 具有较好的相关性。研究还推测 PCNs 的生成可能是在含铜化合物的催化下由飞灰中的碳源从头合成。同时，Iino 等(1999)基于 de novo 模拟实验推断，工业热过程中 PCNs 也能够由 PAHs 作为碳源从头合成得到(图 1.5)。

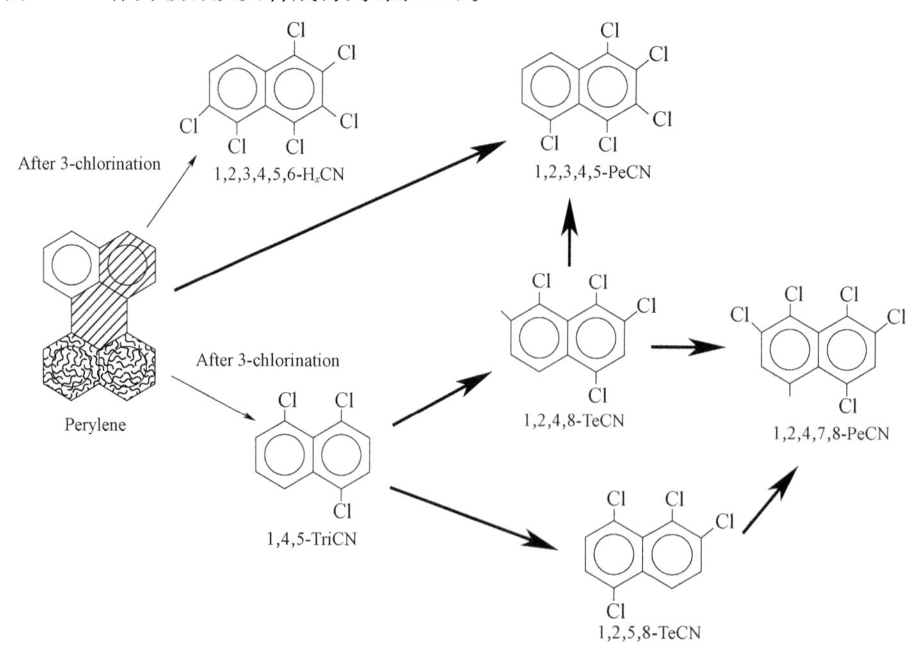

图 1.5 由 PAHs 生成 PCNs 的途径之一(Iino et al.，1999)

虽然目前 PCDD/Fs 的生成机理已被大量研究，但是有关 PCBs 和 PCNs 生成机理的报道还比较少。既然 PCBs、PCNs 与 PCDD/Fs 具有相似的结构和性质，那么通过分析工业热过程中这些化合物在生成水平和排放特征上的关系，以此来寻求 PCBs 和 PCNs 在生成机制上与 PCDD/Fs 的相似性成为更快了解 PCBs 和 PCNs 生成机理的研究方法之一。

1.4　工业区环境中二噁英类化合物的来源与解析方法

除用于科学研究，人类从未有意生产过 PCDD/Fs，其往往作为副产物以杂质的形式存在于多种化工产品中，如氯酚、氯代苯氧酸型除草剂、PCBs 工业品等（郑明辉等，1999）。如前文所述，由于 PCNs 和 PCBs 化学性质稳定，具有良好的绝缘性和抗热性等特性，在工业上曾被大量生产并广泛用作绝缘油、热载体和润滑油，如电容器和变压器的绝缘油。自 20 世纪 80 年代以来，PCNs 和 PCBs 生产和使用已被禁止。但是，PCDD/Fs、PCBs 和 PCNs 都可在工业热过程中被无意生成和排放，如金属冶炼、垃圾焚烧和水泥生产等（Ba et al.，2009；Hu et al.，2013；Karstensen，2008），并已成为环境中二噁英类化合物的重要来源。为了提高工业化的集约强度，优化功能布局，上述二噁英类化合物的潜在工业热排放源往往聚集于同一工业区内。此外，在一些工业区内，除了工业热源的排放外，PCBs 和 PCNs 工业品也可能曾经被使用，给工业区环境中二噁英类化合物的来源解析带来极大的挑战。

近年来，一些研究尝试使用各种方法来识别工业区环境中 PCDD/Fs、PCNs 和 PCBs 的具体来源。例如，Li 等（2015）利用转炉炼钢厂厂区空气样本中 PCDD/Fs、PCNs 和 PCBs 的单体分布特征与 Aries 等（2006）报道的转炉炼钢和铁矿石烧结过程中排放的烟道气进行对比，来判断二噁英类化合物的来源。Tian 等（2014）测定了华北地区某生活垃圾焚烧厂周边土壤中 PCNs 的浓度，并通过土壤样品中 PCNs 单体分布特征与烟道气样品对比来解析其排放源。Wu 等（2018）发现，土壤中 PCNs 的 75 种单体分布特征与工业品 Halowax1000 中的 PCNs 指纹图谱具有相似性，从而推断出当地土壤中 PCNs 的浓度受工业品的影响较大。上述研究均通过与已知工业热过程或工业品中污染物单体的组成特征进行对比来直接解析来源，但是，由于工业区中往往同时存在目标化合物的多种排放源，应用该方法难以识别这些化合物的具体来源。因此，Cetin（2016）和 Kuo 等（2014）对工业区环境中的污染物数据进行了主成分分析（PCA），从而可以初步区分工业区环境中污染物的主要来源。目前，PCA 是解析工业区环境中污染物来源运用较多的一种方法，但其存在的弊端就是无法量化各排放源对污染物浓度的贡献，也无法鉴别各污染源的相对重要性。当前，化学物质平衡（CMB）（Seike et al.，2007；Watson et al.，2001）和正交矩阵分解（PMF）（Capozzi et al.，2019）是环境中污染物来源分配的两种广泛使用的多元受体建模方法。CMB 模型的主要缺点是，在开始分析之前，它需要所有可能污染物来源的相关信息。PMF 模型可以通过将数据矩阵(由环境样品中目标化合物浓度和不确定度组成)分解为因子分布和因子贡献来构建潜在污染源中各目标化合物的组成与贡献率,然后再通过与已知污染源指纹谱图对比来识别并量化各排放源对环境中污染物的贡献。综上所述,PCA 可以应用于工业区环境中污染物的来源确定,PMF 可以量化各主要来源的相对贡献。所以,可以结合使用两种方法(PCA 和 PMF)对工业区环境中二噁英类化合物的来源进行解析。

1.5 工业区环境中二噁英类化合物的健康风险评估方法

1.5.1 土壤

土壤中诸如 PCDD/Fs、PCNs 和 PCBs 等污染物往往会通过皮肤接触、偶然摄入和吸入挥发物和散逸性粉尘这三种途径进入人体,从而对人体健康产生影响(USEPA, 2017)。为了评估各区域土壤中 PCDD/Fs、PCNs 和 PCBs 对工人或者周边居民(孩童及居民)造成的健康风险,本书采用美国 EPA 超级基金风险评估指南关于土壤中污染物对人类致癌风险(CR)及非致癌风险(no-CR)评价模型进行相关计算。

致癌风险评价公式如下:

$$CR_{der}=\frac{C_S\times DFS\times ABS\times 10^{-6}}{AT}\times\frac{SF_O}{GIABS} \tag{1.1}$$

$$DFS_{resident}=\frac{EF\times ED_C\times SA_C\times AF_C}{BW_C}+\frac{EF\times(ED_a-ED_C)\times SA_a\times AF_a}{BW_a} \tag{1.2}$$

$$DFS_{worker}=\frac{EF\times ED\times SA\times AF}{BW} \tag{1.3}$$

$$CR_{ing}=\frac{C_S\times SF_O\times RBA\times IFS\times 10^{-6}}{AT} \tag{1.4}$$

$$IFS_{resident}=\frac{EF\times ED_C\times IRS_C}{BW_C}+\frac{EF\times(ED_a-ED_C)\times IRS_a}{BW_a} \tag{1.5}$$

$$IFS_{worker}=\frac{EF\times ED\times IRS}{BW} \tag{1.6}$$

$$CR_{inh}=\frac{C_S\times EF\times ED\times ET\times IUR\times 1000}{AT}\times\left(\frac{1}{VF}+\frac{1}{PEF}\right) \tag{1.7}$$

$$CR=CR_{der}+CR_{ing}+CR_{inh} \tag{1.8}$$

非致癌风险评价公式如下:

$$no\text{-}CR_{der}=\frac{C_S\times EF\times ED\times SA\times AF\times ABS\times 10^{-6}}{RfD_O\times AT\times BW\times GIABS} \tag{1.9}$$

$$no\text{-}CR_{ing}=\frac{C_S\times EF\times ED\times RBA\times IRS\times 10^{-6}}{RfD_O\times AT\times BW} \tag{1.10}$$

$$\text{no-CR}_{inh}=\frac{C_S\times \text{EF}\times \text{ED}\times \text{ET}}{\text{RfC}\times \text{AT}}\times\left(\frac{1}{\text{VF}}+\frac{1}{\text{PEF}}\right) \tag{1.11}$$

$$\text{no-CR}=\text{no-CR}_{der}+\text{no-CR}_{ing}+\text{no-CR}_{inh} \tag{1.12}$$

式中，C_S 为土壤中目标化合物浓度，$mg\cdot kg^{-1}$；CR 为人体致癌风险总和；CR_{der} 为皮肤接触挥发物和散逸性粉尘造成的致癌风险；CR_{ing} 为食入挥发物和散逸性粉尘造成的致癌风险；CR_{inh} 为呼吸吸入挥发物和散逸性粉尘造成的致癌风险；no-CR 为人体非致癌风险总和；no-CR_{der} 为皮肤接触挥发物和散逸性粉尘造成的非致癌风险；no-CR_{ing} 为食入挥发物和散逸性粉尘造成的非致癌风险；no-CR_{inh} 为呼吸吸入挥发物和散逸性粉尘造成的非致癌风险；GIABS 为 1；10^{-6} 为校正因子，$kg\cdot mg^{-1}$；1000 为校正因子，$\mu g\cdot mg^{-1}$。其他参数含义及取值见表 1.3 和表 1.4。

表 1.3　土壤健康风险评价公式中各参数含义及取值一(USEPA, 2017)

参数		单位	居民(resident)		工人(worker)
IFS	土壤吸入系数	$mg\cdot kg^{-1}$	36750		7813
DFS	土壤皮肤接触系数	$mg\cdot kg^{-1}$	103390		33066
$AT_{\text{-CR}}$	平均时间	d	25550		25550
			孩童(C)	成人(a)	
EF	暴露频率(年)	$d\cdot y^{-1}$	350	350	250
ED	暴露时长	y	6	26	25
ET	暴露频率(天)	$h\cdot d^{-1}$	24/24	24/24	8/24
$AT_{\text{-no-CR}}$	平均时间	d	2190	9490	9125
BW	体重	kg	15	80	80
IRS	土壤摄入率	$mg\cdot d^{-1}$	200	100	100
SA	表面积	$cm^2\cdot d^{-1}$	2373	6032	3527
AF	皮肤对土壤的黏附系数	$mg\cdot cm^{-2}$	0.2	0.07	0.12

表 1.4　土壤健康风险评价公式中相关参数取值二(USEPA, 2017)

参数		单位	2,3,7,8-TCDD
RfD_O	非致癌参考剂量	$mg\cdot kg^{-1}\cdot d^{-1}$	7.00×10^{-10}
RfC	非致癌参考浓度	$mg\cdot m^{-3}$	4.00×10^{-8}
ABS	吸入系数	无	0.03
VF	挥发系数	$m^3\cdot kg^{-1}$	1.96×10^{6}
PEF	颗粒物逸度系数	$m^3\cdot kg^{-1}$	1.36×10^{9}
SF_O	致癌斜率因子	$(mg\cdot kg^{-1}\cdot d^{-1})^{-1}$	1.30×10^{5}

续表

参数		单位	2,3,7,8-TCDD
IUR	单位吸入风险因子	$(\mu g \cdot m^{-3})^{-1}$	38
RBA	相对生物可利用率	无	1
GIABS	胃肠道吸收率	无	1

1.5.2 大气

呼吸吸入是暴露环境中二噁英类化合物进入人体的主要途径之一。为了评价大气颗粒物中二噁英类化合物的人体呼吸(吸入)风险,本书首先采用世界卫生组织2005年公布的PCDD/Fs和dl-PCBs的毒性当量因子(TEF)及Noma等总结的PCNs的毒性换算因子(表1.1和表1.2),依据公式(1.13)计算出大气颗粒物中PCDD/Fs、dl-PCBs、PCNs相对于2,3,7,8-TCDD的毒性当量浓度(TEQ)。

$$\mathrm{TEQ}=\sum C_i \times \mathrm{TEF}_i \tag{1.13}$$

式中,TEQ为毒性当量浓度($fg \cdot TEQ \cdot m^{-3}$);$C_i$为各单体物质浓度($fg \cdot m^{-3}$);$TEF_i$为毒性当量因子。

然后,依据公式(1.14)评估当地居民对大气颗粒物中二噁英类化合物的慢性日均呼吸暴露量(Li et al., 2018; Zhang et al., 2012)。

$$\mathrm{CDI}_i=\frac{C_i \times \mathrm{HR} \times \mathrm{EF} \times \mathrm{ED} \times \mathrm{ET}}{\mathrm{BW} \times \mathrm{AT}} \tag{1.14}$$

式中,CDI_i为慢性日均呼吸暴露剂量;C_i为大气颗粒物中目标化合物浓度($pg \cdot TEQ \cdot m^{-3}$);HR为人体呼吸速率($0.75\ m^3 \cdot h^{-1}$);EF为年暴露时长($350\ d \cdot y^{-1}$);ED为持续暴露时间(30 y);ET为居民日暴露时长($24\ h \cdot d^{-1}$);BW为体重(65 kg);AT为居民平均寿命(72.4×365 d)(CEPS, 2013)。

人群呼吸暴露大气颗粒物中二噁英类化合物的致癌风险按照公式(1.15)~(1.17)进行评估(Li et al., 2018; Zhang et al., 2012)。

$$\mathrm{CR}_{\mathrm{PCDD/Fs}}=\mathrm{CDI}_{\mathrm{PCDD/Fs}} \times \mathrm{CSF} \tag{1.15}$$

$$\mathrm{CR}_{\mathrm{PCBs}}=\mathrm{CDI}_{\mathrm{PCBs}} \times \mathrm{CSF} \tag{1.16}$$

$$\mathrm{CR}_{\mathrm{PCNs}}=\mathrm{CDI}_{\mathrm{PCNs}} \times \mathrm{CSF} \tag{1.17}$$

式中,CSF为2,3,7,8-TCDD致癌斜率因子[$1.50 \times 10^5 (mg \cdot kg^{-1} \cdot d^{-1})^{-1}$](Zhang et al., 2012)。

人群暴露大气颗粒物中PCDD/Fs、PCBs和PCNs的总致癌风险CR_{total}依据公式1.18计算。

$$\mathrm{CR}_{\mathrm{total}}=\mathrm{CR}_{\mathrm{PCDD/Fs}}+\mathrm{CR}_{\mathrm{PCBs}}+\mathrm{CR}_{\mathrm{PCNs}} \tag{1.18}$$

参考文献

王亚韡,蔡亚岐,江桂斌,2010. 斯德哥尔摩公约新增持久性有机污染物的一些研究进展[J]. 中国科学:化学，40(2)：99-123.

郑明辉，刘鹏岩，包志成，等，1999. 二噁英的生成及降解研究进展[J]. 科学通报，44(5)：455-463.

ARIES E，ANDERSON D R，FISHER R，et al，2006. PCDD/F and "Dioxin-like" PCB emissions from iron ore sintering plants in the UK[J]. Chemosphere，65(9)：1470-1480.

BA T，ZHENG M，ZHANG B，et al，2009. Estimation and characterization of PCDD/Fs and dioxin-like PCBs from secondary copper and aluminum metallurgies in China[J]. Chemosphere，75(9)：1173-1178.

BIDLEMAN T F，HELM P A，BRAUNE B M，et al，2010. Polychlorinated naphthalenes in polar environments-a review[J]. Science of the Total Environment，408(15)：2919-2935.

CAPOZZI S L，JING R，RODENBURG L A，et al，2019. Positive Matrix Factorization analysis shows dechlorination of polychlorinated biphenyls during domestic wastewater collection and treatment[J]. Chemosphere，216：289-296.

CEPS，2013. Exposure factors handbook of chinese population (adults)[R]. Environmental Protection Department：3-26.

CETIN B，2016. Investigation of PAHs，PCBs and PCNs in soils around a Heavily Industrialized Area in Kocaeli，Turkey：Concentrations，distributions，sources and toxicological effects[J]. Science of the Total Environment，560：160-169.

EVERAERT K，BAEYENS J，2002. The formation and emission of dioxins in large scale thermal processes[J]. Chemosphere，46(3)：439-448.

FALANDYSZ J，1998. Polychlorinated naphthalenes：an environmental update[J]. Environmental Pollution，101(1)：77-90.

HELM P A，BIDLEMAN T F，2003. Current combustion-related sources contribute to polychlorinated naphthalene and dioxin-like polychlorinated biphenyl levels and profiles in air in Toronto，Canada[J]. Environmental Science & Technology，37(6)：1075-1082.

HELM P A，BIDLEMAN T F，Li H H，et al，2004. Seasonal and Spatial Variation of Polychlorinated Naphthalenes and Non-/Mono-Ortho-Substituted Polychlorinated Biphenyls in Arctic Air[J]. Environmental Science & Technology，38(21)：5514-5521.

HU J C，ZHENG M H，LIU W B，et al，2013. Characterization of polychlorinated naphthalenes in stack gas emissions from waste incinerators[J]. Environmental Science and Pollution Research，20(5)：2905-2911.

HUANG H，BUEKENS A，1995. On the mechanisms of dioxin formation in combustion processes[J]. Chemosphere，31(9)：4099-4117.

IINO F，IMAGAWA T，TAKEUCHI M，et al，1999. De novo synthesis mechanism of polychlorinated dibenzofurans from polycyclic aromatic hydrocarbons and the characteristic isomers of polychlorinated naphthalenes[J]. Environmental Science & Technology，33(7)：1038-1043.

IMAGAWA T，LEE C W，2001. Correlation of polychlorinated naphthalenes with polychlorinated dibenzofurans formed from waste incineration[J]. Chemosphere，44(6)：1511-1520.

JANSSON S，FICK J，MARKLUND S，2008. Formation and chlorination of polychlorinated naphthalenes (PCNs) in the post-combustion zone during MSW combustion[J]. Chemosphere, 72(8): 1138-1144.

KARSTENSEN K H,2008. Formation, release and control of dioxins in cement kilns[J]. Chemosphere, 70(4): 543-560.

KUO Y C, CHEN Y C, LIN M Y, et al, 2014. Ambient air concentrations of PCDD/Fs, coplanar PCBs, PBDD/Fs, and PBDEs and their impacts on vegetation and soil[J]. International Journal of Environmental Science and Technology, 12(9): 2997-3008.

LI J, ZHANG Y, SUN T, et al, 2018. The health risk levels of different age groups of residents living in the vicinity of municipal solid waste incinerator posed by PCDD/Fs in atmosphere and soil[J]. Science of the Total Environment: 631-632:81-91.

LI S, LIU G R, ZHENG M H, et al, 2015. Comparison of the contributions of polychlorinated dibenzo-p-dioxins and dibenzofurans and other unintentionally produced persistent organic pollutants to the total toxic equivalents in air of steel plant areas[J]. Chemosphere, 126: 73-77.

LIU G R, CAI Z W, ZHENG M H, 2014. Sources of unintentionally produced polychlorinated naphthalenes[J]. Chemosphere, 94: 1-12.

LIU G R, LIU W B, CAI Z W, et al, 2013. Concentrations, profiles, and emission factors of unintentionally produced persistent organic pollutants in fly ash from coking processes[J]. J Hazard Mater, 261: 421-426.

LIU G R, ZHENG M H, LV P, et al, 2010. Estimation and characterization of polychlorinated naphthalene emission from coking industries[J]. Environmental Science & Technology, 44(21): 8156-8161.

MARTI-CID R, LLOBET J M, CASTELL V, et al, 2008. Human exposure to polychlorinated naphthalenes and polychlorinated diphenyl ethers from foods in Catalonia, Spain: Temporal trend [J]. Environmental Science & Technology, 42(11): 4195-4201.

NOMA Y, YAMAMOTO T, SAKAI S I, 2004. Congener-Specific Composition of Polychlorinated Naphthalenes, Coplanar PCBs, Dibenzo-p-dioxins, and Dibenzofurans in the Halowax Series[J]. Environmental Science & Technology, 38(6): 1675-1680.

OH J E, GULLETT B, RYAN S, et al, 2007. Mechanistic relationships among PCDDs/Fs, PCNs, PAHs, ClPhs, and ClBzs in municipal waste incineration[J]. Environmental Science & Technology, 41(13): 4705-4710.

PANDELOVA M, LENOIR D, SCHRAMM K W, 2006. Correlation between PCDD/F, PCB and PCBz in coal/waste combustion influence of various inhibitors[J]. Chemosphere, 62(7): 1196-1205.

RYAN S P, LI X D, GULLETT B K, et al, 2006. Experimental study on the effect of SO_2 on PCDD/Fs emissions: Determination of the importance of gas-phase versus solid-phase reactions in PCDD/Fs formation[J]. Environmental Science & Technology, 40(22): 7040-7047.

SEIKE N, KASHIWAGI N, OTANI T, 2007. PCDD/F Contamination over Time in Japanese Paddy Soils[J]. Environmental Science & Technology, 41(7): 2210-2215.

SHAO K, YAN J, LI X, et al, 2010. Experimental study on the effects of H_2O on PCDD/Fs formation by de novo synthesis in carbon/$CuCl_2$ model system[J]. Chemosphere, 78(6): 672-679.

TIAN Z Y, LI H F, XIE H T, et al, 2014. Concentration and distribution of PCNs in ambient soil of a municipal solid waste incinerator[J]. Science of the Total Environment, 491-492: 75-79.

TUPPURAINEN K, HALONEN I, RUOKOJÄRVI P, et al, 1998. Formation of PCDDs and PCDFs in municipal waste incineration and its inhibition mechanisms: a review[J]. Chemosphere, 36: 1493-1511.

USEPA, 2017. Regional Screening Levels (RSLs)-Generic Tables (June 2017)[R/OL], https://www. epa. gov/risk/regional-screening-levels-rsls-generic-tables-june-2017.

WATSON J G, CHOW J C, FUJITA E M, 2001. Review of volatile organic compound source apportionment by chemical mass balance[J]. Atmospheric Environment, 35(9): 1567-1584.

WEBER R, IINO F, IMAGAWA T, et al, 2001. Formation of PCDF, PCDD, PCB, and PCN in de novo synthesis from PAH: Mechanistic aspects and correlation to fluidized bed incinerators[J]. Chemosphere, 44(6): 1429-1438.

WU J, HU J, WANG S, et al, 2018. Levels, sources, and potential human health risks of PCNs, PCDD/Fs, and PCBs in an industrial area of Shandong Province, China[J]. Chemosphere, 199: 382-389.

XING Y, LU Y, DAWSON R W, et al, 2005. A spatial temporal assessment of pollution from PCBs in China[J]. Chemosphere, 60(6): 731-739.

YANG Z, SHEN Z, GAO F, et al, 2009. Occurrence and possible sources of polychlorinated biphenyls in surface sediments from the Wuhan reach of the Yangtze River, China[J]. Chemosphere, 74(11): 1522-1530.

ZHANG Q, YU W, ZHANG R, et al, 2010. Quantum Chemical and Kinetic Study on Dioxin Formation from the 2,4,6-TCP and 2,4-DCP Precursors[J]. Environmental Science & Technology, 44(9): 3395-3403.

ZHANG T, HUANG Y R, CHEN S J, et al, 2012. PCDD/Fs, PBDD/Fs, and PBDEs in the air of an e-waste recycling area (Taizhou) in China: current levels, composition profiles, and potential cancer risks[J]. Journal of Environmental Monitoring, 14(12): 3156-3163.

第2章 环境大气和土壤中二噁英类化合物的分析方法

由于环境介质中二噁英类化合物的含量都很低，一般处于痕量水平，准确测定大气和土壤中这些痕量有机污染物的浓度是研究其在工业区环境中污染特征的前提条件。本章首先概述环境大气和土壤中二噁英类化合物的分析流程，包括样本采集、样品预处理与仪器测定等环节，并介绍了必须设定的质量控制程序；然后详细介绍运用气相色谱三重四极杆质谱法测定土壤中的二噁英类化合物的具体案例。

2.1 分析流程

2.1.1 样本采集

(1)大气样本采集

由于大气环境中二噁英类化合物的含量处于每立方米皮克级，甚至飞克级，所以测定大气环境中二噁英类化合物的含量一般需要先对大气样本进行富集采样。常用的采样方法有:大流量大气主动采样器和被动式大气采样器。

由于二噁英类化合物具有半挥发性，其在大气中以气态形式存在于大气气相中，同时也吸附于大气颗粒相中。大流量大气主动采样器主要由三部分构成:样品收集部分(采样头)、动力部分(机械泵)和数据记录部分。在样品收集部分可安装用于收集大气颗粒相的石英滤膜和富集大气气相的聚氨酯泡沫体(polyurethane foam，PUF)或树脂等。动力部分工作后以一定流速抽气，使环境大气首先均匀穿过采样头上的石英滤膜，收集大气颗粒；然后气流将经过采样头中的 PUF 或树脂，吸附大气气相中的二噁英类化合物。数据记录部分可记录采样时长、流速以及温度、大气压强、湿度等环境条件。此外，样品收集部分也可以配备大气颗粒物分级切割采样头，收集环境大气中不同粒径的颗粒物(如 PM_{10}、$PM_{2.5}$ 和 $PM_{1.0}$ 等)或不同粒径段的颗粒物(如粒径 $<2.5\ \mu m$、$2.5\ \mu m<$粒径$<5\ \mu m$、$5\ \mu m<$粒径$<10\ \mu m$、粒径$>10\ \mu m$)。大气主动采样器可在短时间采集大体积环境大气，并可精确记录所采集大气的体积。但是，大气主动采样器工作时一般需要提供稳定的市电，使其使用受到一定限制，尤其是野外大气样本的采集。

由于大气主动采样器需要提供稳定的电源，而且设备成本较高，所以针对上述不足，研究人员设计了被动式大气采样器。它无须提供动力，廉价，易操作，尤其适用于偏远地区环境大气的长时间监测。其中使用较多的为 PUF 被动式大气采样器(图

2.1)。该采样器主要由采样器外壳和内置的 PUF 圆盘组成，外壳由上下两个被串联起来的不锈钢钵组成，开口相对。由于上置的不锈钢钵口径大于下置的，串联时下置的不锈钢钵带孔，从而使得环境大气可经扩散循环进入被动采样器内。大气中目标化合物被内置的 PUF 吸附，从而达到富集环境大气的目的，采样周期可达 3 个月。根据被动式采样器的规格和采样期间气象条件可估算采样流速，从而进一步计算得到采样时间段内大气环境中目标化合物的平均浓度。

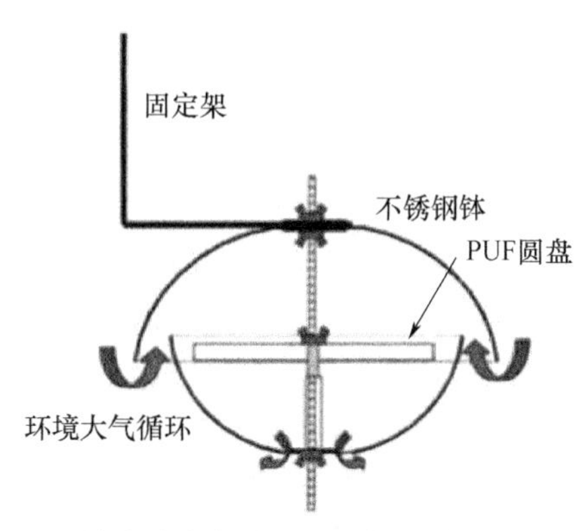

图 2.1　PUF 被动式大气采样器结构示意图(张干等，2009)

采样前，需要将石英膜置于马弗炉内高温(400 ℃)灼烧 4 h，以去除石英膜内可能含有的二噁英类化合物。PUF 运用索氏提取器或快速溶剂萃取仪进行提取，丙酮作为提取溶剂，去除其中可能含有的二噁英类化合物。由于二噁英类化合物具有半挥发性，大气样本采集后可用锡纸包裹，并使用密封袋或金属罐密封，尽快带回实验室冷冻保存。

(2)土壤样本采集

二噁英类化合物具有半挥发性，当环境温度较高时，二噁英类化合物易挥发至大气中；当环境温度较低时，大气中二噁英类化合物将沉降至地表土壤、湖泊中。此外，大气中二噁英类化合物还可以通过干湿沉降进入土壤中。富含有机质的土壤可对亲脂性的二噁英类化合物进行吸附，从而使其在土壤中的含量得到积累。由于土壤样本相对容易获取，所以土壤成为研究工业区环境中二噁英类化合物污染的理想介质。一般可采集表层土壤样本，监测工业排放源对工业区环境中二噁英类化合物的含量与组成的影响。采样时，可根据梅花布点法、蛇形布点法或对角线布点法在每个采样点布点，然后采集多份土壤样本，运用四分法混合，得到该采样点的土壤样本。采集的土壤样本可置于洁净的不锈钢容器内或密封袋内，尽快带回实验室冷冻保存。

2.1.2　样品提取、净化与分离

(1)样品提取

常用的环境大气和土壤样本中二噁英类化合物的提取方法有索氏提取法和快速

溶剂萃取法。索氏提取法提取效率高，但是其所需时间较长，一般至少需要提取16 h以上。提取过程中需实时观察，保证冷凝循环水通畅，避免提取溶剂挥发导致无法回流造成提取瓶被烧干。相比索氏提取法，快速溶剂萃取法可以在高温高压下对目标化合物进行快速提取，在保证提取效率的基础上大大降低单个样本的提取时间，可缩短至 1 h 以内。快速溶剂萃取仪器设定序列程序后，可自动化连续提取多个环境样本，为操作者节省大量时间。常用的提取溶剂有甲苯、正己烷和二氯甲烷等。无论何种提取方法，需保证样本中的二噁英类化合物被有效提取至溶剂中。

(2)样品净化

样品提取液一般经旋转蒸发仪浓缩至 1～2 mL，然后经过一系列的柱色谱净化去除杂质。二噁英类化合物耐酸耐碱，所以酸碱被较多用于样品中脂类等杂质的去除。使用较多的柱填料有无水硫酸钠、中性硅胶、酸性硅胶(由浓硫酸与中性硅胶混合均匀而制成)、碱性硅胶(由氢氧化钠溶液与中性硅胶混合均匀而制成)、硝酸银硅胶(由硝酸银溶液与中性硅胶混合均匀而制成)。一般将上述填料按一定比例和顺序填入玻璃层析色谱柱内组装成复合硅胶色谱净化柱。如果样本杂质较多，可以在复合色谱净化柱前加一根主要填充酸性硅胶和少量无水硫酸钠及中性硅胶的净化柱。一般使用正己烷作为净化色谱柱的活化与淋洗溶剂，每次上样前都需将待净化液浓缩至1～2 mL，提高净化柱的柱效。环境大气和土壤样品中的脂类等杂质基本可由上述色谱柱去除干净，洗脱液浓缩至几十微升后也应为澄清透明的溶液。

(3)样品分离

环境介质中 PCDD/Fs 的含量极低，为了避免 PCBs 和 PCNs 以及杂质对 PCDD/Fs 仪器测定的干扰，一般经上述层析色谱柱净化后，还需运用柱色谱将 PCBs 和 PCNs 组分与 PCCD/Fs 组分进行分离，使用较多是碱性氧化铝柱或活性炭柱。碱性氧化铝使用前在马弗炉内高温灼烧活化，然后湿法填装至较细的玻璃层析色谱内。浓缩后的洗脱液上样，利用不同比例的正己烷与二氯甲烷混合溶剂分两次洗脱碱性氧化铝柱，分别接收洗脱溶剂，得到 PCBs、PCNs 组分和 PCCD/Fs 组分。碱性氧化铝的活性可能受到环境湿度等因素的影响而失去活性造成部分 PCCD/Fs 同类物被洗脱至另一组分。

活性炭首先与分散剂按一定比例混合均匀，在一定温度下活化。上样后先利用一定比例的正己烷与二氯甲烷洗脱 PCBs 和 PCNs 组分。由于活性炭对 PCDD/Fs 的吸附较强，需要使用大体积的甲苯对 PCDD/Fs 组分进行洗脱，所以使用活性炭分离 PCBs、PCNs 组分和 PCCD/Fs 组分的成本更高，但其稳定性更好。

由于环境介质中二噁英类化合物的含量很低，所以净化后的提取溶液一般先经旋转蒸发仪浓缩至 1～2 mL，再转移至 KD 浓缩器或玻璃离心管中，使用氮气吹干仪进一步浓缩至 50 μL 左右，转移至进样玻璃内插管中待测。为了避免浓缩液中的有机溶剂挥发至干，可在进样内插管中加入一定体积的壬烷。

2.1.3　仪器测定

(1)气相色谱串联高分辨质谱仪

二噁英类化合物具有半挥发性，可在气相色谱前进样口 300 ℃左右的温度下瞬间气化，然后随载气进入色谱柱。在适合的程序升温条件下，二噁英类化合物的众多同类物能够被毛细管色谱柱分离，然后串联质谱进行检测。由于环境中二噁英类化合物的含量很低，容易受到杂质的干扰，低分辨质谱仪对其浓度准确测定的难度较大，尤其是 PCDD/Fs。所以，相关国际标准中通常使用具有高灵敏度和高分辨率的双聚焦质谱仪对其浓度进行测定，如美国环保总局 1613 方案和 1668 方案。但是，双聚焦质谱仪价格昂贵，维护成本高，推广比较困难。

(2)气相色谱串联三重四极杆质谱仪

近年来，气相色谱串联三重四极杆质谱仪的问世为二噁英类化合物的测定提供了新的选择。三重四极杆质谱仪将两根四极杆在空间上进行了串联，第一根四极杆可筛选特征母离子。选定目标离子将进入八极杆，经碰撞气打碎，形成新的子离子，再由串联的第二根四极杆进行筛选。经两根四极杆的依次筛选确定目标化合物的特征离子对(母离子/子离子)，可大大降低仪器噪声和杂质干扰，从而提高检测的灵敏度和准确性。相对于高分辨质谱仪，三重四极杆质谱仪具有价格低廉、维护成本低等优点，现已被大量应用于环境介质中二噁英类化合物的测定。

2.1.4　质量控制与质量保证

为了准确测定环境介质中二噁英类化合物的浓度，目前一般采用同位素稀释法进行测定。使用^{13}C取代的二噁英类化合物同类物作为内标，采用校准曲线计算样品中二噁英类化合物的含量。同时于样品提取前加入样本中，还可全程监控目标化合物的去向。最后通过计算内标化合物的回收率作为判定实验数据准确性的重要指标之一。此外，为了监测样品在前处理过程中是否受到污染，每批实验必须同时进行空白实验。一般要求空白样品中目标化合物的检出量不能超过样品中的 5%。对于大气样品，还需增加采样运输空白实验。监测采样材料在运输过程中是否引入污染。目标化合物的定性与定量测定需要遵循以下原则：目标化合物的色谱保留时间需与同位素内标相符，无同位素内标的目标化合物相对于内标的保留时间需与校准曲线里的一致；定量离子与定性离子的比例与理论值的偏差不超过 15%；目标化合物的响应至少大于 3 倍信噪比。

2.2　气相色谱串联三重四极杆质谱法

目前，利用气相色谱串联三重四极杆质谱仪已实现对环境介质中二噁英类化合物的高效率、低成本分析。本节以环境土壤样本为例，介绍了采用快速溶剂萃取法萃取，利用酸性硅胶柱、复合硅胶柱及碱性氧化铝柱纯化分离，使用气相色谱串联三重四极杆质谱仪测定土壤中 PCDD/Fs、PCBs 和 PCNs 的方法。

2.2.1 实验部分

(1)仪器与试剂

仪器：Trace 1310 气相色谱-TSQ 8000 Evo 三重四极杆质谱联用仪(美国 Thermo Fisher Scientific 公司)；2-4 LCS 型冻干机(德国 Christ 公司)；ASE300 快速溶剂萃取仪(美国 Dionex 公司)；R-3 型旋转蒸发仪(瑞士 Buchi 公司)；BF2000 氮气吹干仪(北京八方世纪科技有限公司)。

试剂：正己烷、二氯甲烷(农残级，美国 J. T. Baker 公司)、活化硅胶(使用前于 600 ℃马弗炉中烘烤 6 h 以上)、酸性硅胶[硅胶/H_2SO_4，44% (w/w)]、碱性硅胶[硅胶/NaOH，33%(w/w)]、硝酸银硅胶[硅胶/$AgNO_3$，10% (w/w)]、碱性 Al_2O_3(使用前于 600 ℃马弗炉中烘烤 6 h 以上)、无水硫酸钠(使用前于 500 ℃马弗炉中烘烤 6 h 以上)。

PCDD/Fs 标准品及内标溶液详见表 2.1。

表 2.1 目标化合物标准品

1613 STOCK 和 DF-LCS-C ($^{13}C_{12}$-labeled)			
2,3,7,8-TCDF	2,3,7,8-TCDD	1,2,3,7,8-PeCDF	2,3,4,7,8-PeCDF
1,2,3,7,8-PeCDD	1,2,3,4,7,8-HxCDF	1,2,3,6,7,8-HxCDF	2,3,4,6,7,8-HxCDF
1,2,3,7,8,9-HxCDF	1,2,3,4,7,8-HxCDD	1,2,3,6,7,8-HxCDD	1,2,3,7,8,9-HxCDD
1,2,3,4,6,7,8-HpCDF	1,2,3,4,7,8,9-HpCDF	1,2,3,4,6,7,8-HpCDD	OCDF
OCDD			
World Health Organization Congener Mix			
PCB-77	PCB-81	PCB-105	PCB-114
PCB-118	PCB-123	PCB-126	PCB-156
PCB-157	PCB-167	PCB-169	PCB-189
PCBs internal standard ($^{13}C_{12}$-labeled)			
PCB-77	PCB-81	PCB-105	PCB-114
PCB-118	PCB-123	PCB-126	PCB-156
PCB-157	PCB-167	PCB-169	PCB-189
PCB-170	PCB-180		
ECN-5497			
1,2,3,4-TetraCN	1,2,3,5,7-PentaCN	1,2,3,4,6,7-HexaCN	1,2,3,5,6,7-HexaCN
1,2,3,5,6,8-HexaCN	1,2,3,4,5,6,7-HeptaCN	OctaCN	
ECN-5102 ($^{13}C_{10}$-labeled)			
1,2,3,4-TetraCN	1,3,5,7-TetraCN	1,2,3,5,7-PentaCN	1,2,3,5,6,7-HexaCN
1,2,3,4,5,6,7-HeptaCN	OctaCN		

(2)样品前处理

称取 20.0 g 冷冻干燥后的土壤样品，置于加速溶剂萃取仪(ASE)的萃取池中。运行萃取程序，待萃取完成后将溶液转移入鸡心瓶中进行旋转蒸发，浓缩至约 1 mL。将浓缩后的溶液先过酸性硅胶柱，再过复合硅胶柱(两柱分别先用 70 mL 正己烷活化，再用 90 mL 正己烷洗脱)，然后利用碱性氧化铝柱进一步纯化分离(湿法填柱)，加入样品后先用 100 mL 二氯甲烷：正己烷(5 ： 95，v/v)洗脱，得组分 A(PCBs 及 PCNs)，再用 50 mL 二氯甲烷：正己烷(50 ： 50，v/v)洗脱，得组分 B(PCDD/Fs)。具体柱参数如图 2.2 所示。

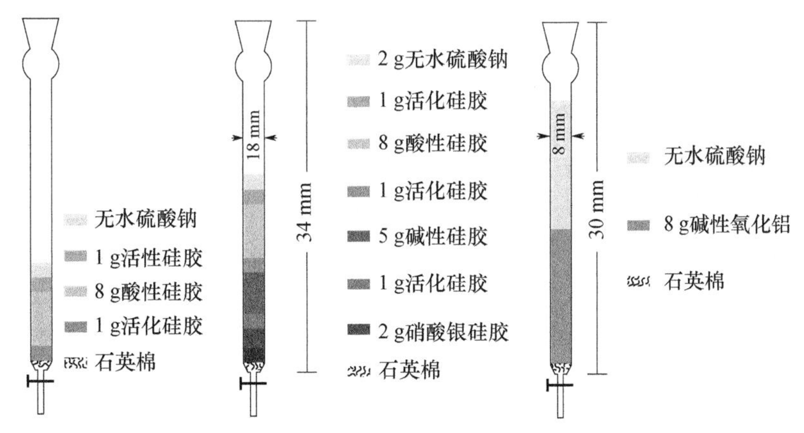

图 2.2　酸性硅胶柱、复合硅胶柱及碱性氧化铝柱参数示意图

(3)色谱-质谱条件

色谱柱：使用 DB-5 MS(60 m×0.25 mm i.d. ×0.25 μm；J&W scientific 公司)色谱柱，采用不分流进样模式，高纯 He 作为载气，设定 1.0 mL・min^{-1}流速。

质谱条件：采用 EI 电离模式，70 eV 的离子源电压，PCDD/Fs、PCNs 及 PCBs 的离子源温度分别为 280 ℃，270 ℃，270 ℃，采用选择反应监测(selected reaction monitoring，SRM)模式，具体参数见 2.2.3 质谱方法建立部分。

二噁英类化合物气相色谱升温程序见表 2.2。

表 2.2　二噁英类化合物气相色谱升温程序

化合物	升温程序
PCDD/Fs	初始温度为 160 ℃，保持 2 min；7.5 ℃・min^{-1}升至 220 ℃，保持 16 min；5 ℃・min^{-1}升至 235 ℃，保持 7 min；5 ℃・min^{-1}升至 330 ℃，保持 1 min
PCNs	初始温度为 80 ℃，保持 2 min；20 ℃・min^{-1}升至 180 ℃，保持 1 min；2.5 ℃・min^{-1}升至 280 ℃；10 ℃・min^{-1}升至 290 ℃，保持 5 min
PCBs	初始温度为 120 ℃，保持 1 min；30 ℃・min^{-1}升至 150 ℃，保持 1 min；2.5 ℃・min^{-1}升至 300 ℃，保持 1 min

2.2.2 前处理方法优化

（1）提取方法优化

依据实验室现有条件，在前期查阅相关文献后，选取加速溶剂萃取法作为土壤样品的提取方法。ASE能够对固体物质进行快速高效的萃取，已有文献报道了利用其对土壤样本中一类二噁英类化合物（PCDD/Fs、PCBs或PCNs）进行提取的方法，萃取温度为100～150 ℃（李伟等，2004；Hugues et al.，2003；车金水等，2015）。为保证三种物质的萃取效率，选取120 ℃作为同时提取三种化合物的萃取温度。US EPA 1613方法中建议采用正己烷：二氯甲烷（1：1，v/v）作为二噁英类化合物的提取溶剂，依此设定提取液为正己烷：二氯甲烷（1：1，v/v），体积为萃取池60%。其他ASE萃取仪参数设置为：系统压力1500 Psi，加热6 min，静态提取5 min，循环2次，氮气吹扫时间100 s。

为验证提取方法可行性，采用无水硫酸钠作为基质土，进行加标回收率实验（$n=3$）。PCDD/Fs、PCBs及PCNs的加标试验回收率分别为73%～90%，79%～85%及76%～89%，相对标准偏差（RSD）小于15%，表明提取方法高效可行。

（2）纯化分离方法建立

有研究表明，即使使用高分辨质谱，也很难消除PCBs与PCDD/Fs的相互干扰（Asplund et al.，1990），因此，在实验中，常用合适的纯化分离柱将PCBs与PCDD/Fs分成不同的组分以便检测分析。本节采用碱性氧化铝柱将PCDD/Fs与其他两类化合物分离，避免其在三重四极杆质谱检测过程中的干扰。通过柱头加标实验（PC-DD/Fs、PCBs和PCNs加标量均为5 ng），探讨二噁英类化合物纯化分离的方法。每组实验设置2个平行样（S1及S2，S3及S4，S5及S6），分别加入不同溶剂配比的洗脱液。样品S1～S6中各化合物回收率如表2.3所示，其中，组分A为100 mL，组分B为50 mL。

表2.3 不同极性溶剂洗脱碱性氧化铝柱时二噁英类化合物的回收率

化合物名称	S1		S2		S3		S4		S5		S6	
	A^a	B^d	A^a	B^d	A^b	B^d	A^b	B^d	A^c	B^d	A^c	B^d
2,3,7,8-TCDF	0	77	0	71	0	120	0	94	91	23	76	21
1,2,3,7,8-PeCDF	0	68	0	80	0	113	0	89	97	25	88	19
2,3,4,7,8-PeCDF	0	64	0	80	0	115	0	81	111	10	102	9
1,2,3,7,8,9-HxCDF	0	82	0	77	0	117	0	105	0	124	0	86
2,3,4,6,7,8-HxCDF	0	96	0	83	0	114	0	118	0	125	0	98
1,2,3,4,7,8-HxCDF	0	115	0	91	0	115	0	129	131	10	125	9
1,2,3,6,7,8-HxCDF	0	124	0	81	0	114	0	109	117	21	105	18

续表

化合物名称	S1		S2		S3		S4		S5		S6	
	A[a]	B[d]	A[a]	B[d]	A[b]	B[d]	A[b]	B[d]	A[c]	B[d]	A[c]	B[d]
1,2,3,4,7,8,9-HpCDF	0	86	0	81	0	114	0	115	0	126	0	100
1,2,3,4,6,7,8-HpCDF	0	90	0	84	0	113	0	109	16	111	23	83
OCDF	0	81	0	81	0	113	0	133	0	154	0	98
2,3,7,8-TCDD	0	74	0	78	0	114	0	96	0	86	0	81
1,2,3,7,8-PeCDD	0	65	0	81	0	110	0	81	93	20	95	15
1,2,3,4,7,8-HxCDD	0	90	0	86	0	113	0	121	132	26	115	21
1,2,3,6,7,8-HxCDD	0	80	0	84	0	112	0	105	76	64	78	46
1,2,3,7,8,9-HxCDD	0	85	0	71	0	116	0	112	0	137	0	98
1,2,3,4,6,7,8-HpCDD	0	80	0	79	0	118	0	130	0	130	0	105
OCDD	0	96	0	83	0	114	0	155	0	132	0	123
CB-77	0	87	0	83	78	0	84	1	101	0	86	0
CB-81	0	88	0	86	83	0	86	1	103	0	88	0
CB-105	0	91	0	83	99	0	97	0	113	0	104	0
CB-114	0	91	0	87	122	0	105	0	119	0	106	0
CB-118	0	90	0	85	103	0	100	0	119	0	104	0
CB-123	0	90	0	87	100	0	96	0	119	0	100	0
CB-126	0	90	0	86	109	0	102	1	124	0	103	0
CB-156	0	85	0	76	114	0	113	0	129	0	113	0
CB-157	0	86	0	77	113	0	118	0	134	0	112	0
CB-167	87	22	48	31	102	0	99	0	116	0	109	0
CB-169	0	85	0	72	113	0	127	1	144	0	124	0
CB-189	23	67	15	62	100	0	109	0	113	0	106	0
CN-27	0	91	0	87	68	0	78	0	76	0	78	0
CN-52	10	83	1	89	72	0	78	0	76	0	80	0
CN-66/67	0	91	0	79	76	0	79	1	76	0	79	0
CN-68	0	90	0	74	80	0	75	0	71	0	73	0
CN-73	2	77	0	75	80	0	71	2	75	0	75	0
CN-75	8	87	3	108	56	0	46	0	36	0	37	0

注：[a]洗脱液为 100 mL 正己烷；[b]洗脱液为 100 mL 正己烷：二氯甲烷(95：5,v：v)；[c]洗脱液为 100 mL 正己烷：二氯甲烷(90：10,v：v)；[d]洗脱液为 50 mL 正己烷：二氯甲烷(50：50,v：v)。

实验结果分析：在平行样 S1 及 S2 的组分 A 中，PCBs 只有 CB-189 和 CB-167 流出，平均回收率分别为 19%、68%；PCNs 只有 CN-52、CN-73 和 CN-75 检出，平均回收率分别为 5.5%、1.0%和 5.5%；PCDD/Fs 所有单体均未检出。在其组分 B 中，三种化合物的检出率均为100%，回收率范围为22%～124%，说明正己烷作为洗脱溶剂，不能将PCDD/Fs与其他两种化合物分离。增大溶剂极性，在S3、S4、S5和S6的组分A中，PCBs单体的回收率范围可达78%～144%，PCNs单体的回收率范围为36%～80%，而在其组分B中，2种化合物单体回收率均小于2%。说明增大洗脱液极性，可以将PCBs与PCNs洗脱入组分A中。但在使用相对较大极性溶剂[正己烷：二氯甲烷(90：10，v/v)]洗脱过程中，PCDD/Fs的部分化合物(2,3,7,8-TCDF、1,2,3,7,8-PeCDF、2,3,4,7,8-PeCDF、1,2,3,7,8-PeCDD、1,2,3,4,7,8-HxCDF、1,2,3,6,7,8-HxCDF、1,2,3,4,7,8-HxCDD、1,2,3,6,7,8-HxCDD、1,2,3,4,6,7,8-HpCDF)也会流入组分A中，在组分A中回收率范围为16%～132%，说明在第一次洗脱碱性氧化铝柱的过程中，溶剂极性过大会导致部分PCDD/Fs被提前洗脱下来。

所以，首先选择100 mL正己烷：二氯甲烷(95：5，v/v)洗脱组分A(PCBs及PCNs)，再用50 mL二氯甲烷：正己烷(50：50，v/v)洗脱组分B(PCDD/Fs)，有效减少了三种化合物在质谱分析过程中的相互干扰。具体前处理流程见图2.3。

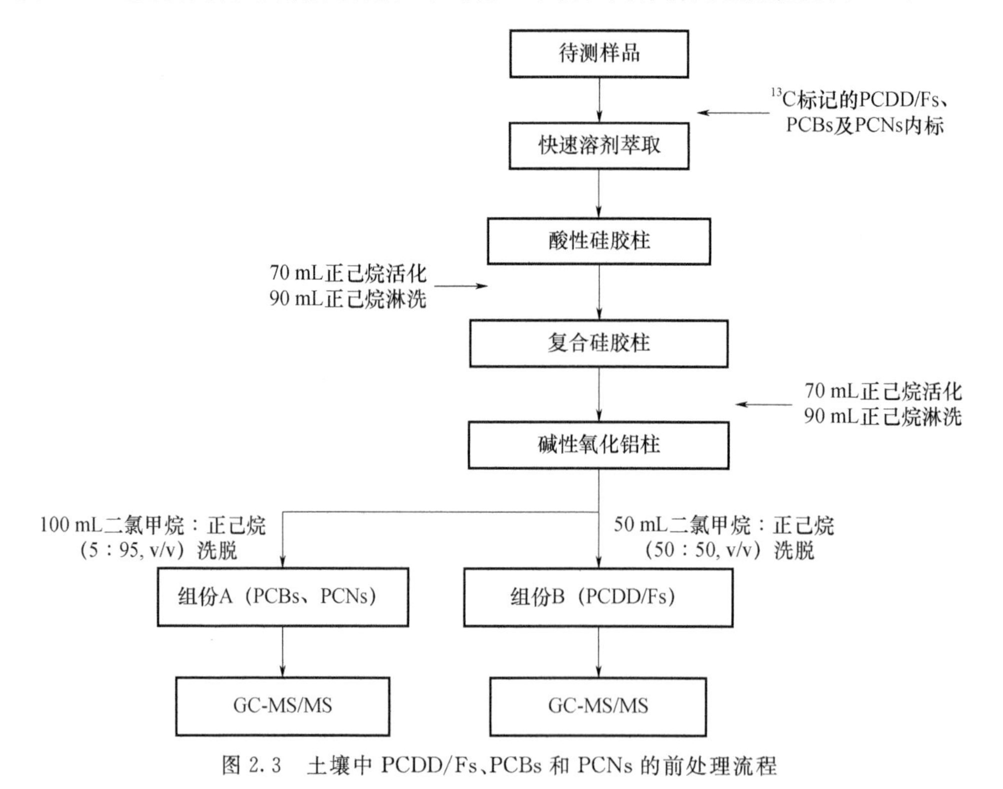

图2.3 土壤中PCDD/Fs、PCBs和PCNs的前处理流程

2.2.3 质谱方法建立

为使目标化合物的仪器响应达到最大，本节对主要质谱参数进行了优化。首先

用 PCDD/Fs、PCBs 及 PCNs 标准溶液进行全扫描分析，获得全扫描质谱图。考察各化合物的碎片离子及相对丰度，每种单体选择两个质荷比较大且相对丰度高的碎片离子作为母离子。对于 PCDD/Fs，有研究表明这类化合物在质谱中的主要特征丢失为 COCl（$CO^{35}Cl$ 或 $CO^{37}Cl$）基团（吴嘉嘉等，2011；Guidotti et al.，2013），选择母离子特征丢失后的两个相对丰度较高的碎片离子作为子离子。将母离子与子离子两两组合成四对离子对，运行三重四级杆质谱仪 SRM 模式，选出响应最高的母离子-子离子离子对作为定量离子对，次高的作为定性离了对。同理，选择 PCBs、PCNs 的 SRM 模式扫描离子对，主要质谱参数见表 2.4。

表 2.4 三重四级质谱法测定 PCDD/Fs、PCBs、PCNs 的定量离子对、定性离子对与碰撞电压参数

化合物名称	定量离子对 /(m·z^{-1})	定性离子对 /(m·z^{-1})	碰撞电压 /eV
2,3,7,8-TCDF	303.9～240.9	305.9～242.9	30
$^{13}C_{12}$-2,3,7,8-TCDF	315.9～251.9	317.9～253.9	30
1,2,3,7,8-PeCDF	339.9～276.8	341.9～278.8	25
$^{13}C_{12}$-1,2,3,7,8-PeCDF	351.9～287.9	353.9～289.9	25
2,3,4,7,8-PeCDF	339.9～276.9	341.9～278.9	25
$^{13}C_{12}$-2,3,4,7,8-PeCDF	351.9～287.9	353.9～289.9	25
1,2,3,4,7,8-HxCDF	373.8～310.9	375.8～312.9	30
$^{13}C_{12}$-1,2,3,4,7,8-HxCDF	383.9～319.9	385.9～321.9	30
1,2,3,6,7,8-HxCDF	373.8～310.9	375.8～312.9	30
$^{13}C_{12}$-1,2,3,6,7,8-HxCDF	383.9～319.9	385.9～321.9	30
2,3,4,6,7,8-HxCDF	373.8～310.9	375.8～312.9	30
$^{13}C_{12}$-2,3,4,6,7,8-HxCDF	383.9～319.9	385.9～321.9	30
1,2,3,7,8,9-HxCDF	373.8～310.9	375.8～312.9	30
$^{13}C_{12}$-1,2,3,7,8,9-HxCDF	385.9～321.9	383.9～319.9	30
1,2,3,4,6,7,8-HpCDF	407.8～344.8	409.8～346.8	25
$^{13}C_{12}$-1,2,3,4,6,7,8-HpCDF	417.8～353.8	419.8～355.8	25
1,2,3,4,7,8,9-HpCDF	407.8～344.8	409.8～346.8	25
$^{13}C_{12}$-1,2,3,4,7,8,9-HpCDF	417.8～353.8	419.8～355.8	25
OCDF	441.8～378.8	443.8～380.8	25
$^{13}C_{12}$-OCDF	453.8～389.8	455.8～391.8	25
2,3,7,8-TCDD	319.9～256.9	321.9～258.9	18
$^{13}C_{12}$-2,3,7,8-TCDD	331.9～267.9	333.9～269.9	18

续表

化合物名称	定量离子对 /(m·z^{-1})	定性离子对 /(m·z^{-1})	碰撞电压 /eV
1,2,3,7,8-PeCDD	355.9～292.9	357.9～294.9	18
$^{13}C_{12}$-1,2,3,7,8-PeCDD	367.9～303.9	369.9～305.9	18
1,2,3,4,7,8-HxCDD	389.8～326.9	391.8～328.9	18
$^{13}C_{12}$-1,2,3,4,7,8-HxCDD	401.8～337.8	403.8～339.8	18
1,2,3,6,7,8-HxCDD	389.8～326.9	391.8～328.9	18
$^{13}C_{12}$-1,2,3,6,7,8-HxCDD	401.8～337.8	403.8～339.8	18
1,2,3,7,8,9-HxCDD	389.8～326.9	391.8～328.9	18
$^{13}C_{12}$-1,2,3,7,8,9-HxCDD	401.8～337.8	403.8～339.8	18
1,2,3,4,6,7,8-HpCDD	423.8～360.8	425.8～362.8	18
$^{13}C_{12}$-1,2,3,4,6,7,8-HpCDD	435.8～371.8	437.8～373.8	18
OCDD	457.8～394.8	459.8～396.8	18
$^{13}C_{12}$-OCDD	469.8～405.8	471.8～407.8	18
CB-81	289.9～220.0	291.9～222.0	25
CB-77	289.9～220.0	291.9～222.0	25
$^{13}C_{12}$-CB-77	301.9～232.0	303.9～234.0	25
CB-123	323.9～254.0	325.9～256.0	25
$^{13}C_{12}$-CB-123	335.9～266.0	337.9～268.0	25
CB-118	323.9～254.0	325.9～256.0	25
$^{13}C_{12}$-CB-118	335.9～266.0	337.9～268.0	25
CB-114	323.9～254.0	325.9～256.0	25
$^{13}C_{12}$-CB-114	335.9～266.0	337.9～268.0	25
CB-105	323.9～254.0	325.9～256.0	25
$^{13}C_{12}$-CB-105	335.9～266.0	337.9～268.0	25
CB-126	323.9～254.0	325.9～256.0	25
$^{13}C_{12}$-CB-126	335.9～266.0	337.9～268.0	25
CB-167	359.9～289.9	361.9～289.9	25
$^{13}C_{12}$- CB-167	371.9～301.9	373.9～303.9	25
CB-156	359.9～289.9	361.9～289.9	25
$^{13}C_{12}$-CB-156	371.9～301.9	373.9～303.9	25
CB-157	359.9～289.9	361.9～289.9	25
CB-169	359.9～289.9	361.9～289.9	25
$^{13}C_{12}$-CB-169	371.9～301.9	373.9～303.9	25

续表

化合物名称	定量离子对 /(m·z⁻¹)	定性离子对 /(m·z⁻¹)	碰撞电压 /eV
CB-189	393.8～323.9	395.8～325.9	25
$^{13}C_{12}$-CB-189	405.9～335.9	407.8～337.9	25
TetraCN(#27)	263.9～194.0	265.9～196.0	30
$^{13}C_{12}$-TetraCN(#27)	275.9～204.0	275.9～206.0	30
PentaCN(#52)	301.9～229.8	299.8～227.8	30
$^{13}C_{12}$-PentaCN(#52)	311.9～239.8	309.8～237.8	30
HexaCN(#66/67)	333.8～263.8	335.8～263.8	30
$^{13}C_{12}$-HexaCN(#66/67)	343.8～273.8	345.8～273.8	30
HexaCN(#68)	333.8～263.8	335.8～263.8	30
HeptaCN(#73)	367.8～297.8	369.8～299.8	30
$^{13}C_{12}$-HeptaCN(#73)	377.8～307.8	379.8～309.8	30
OctaCN(#75)	401.8～331.8	403.8～333.8	30
$^{13}C_{12}$-OctaCN(#75)	411.8～341.8	413.8～343.8	30

设定碰撞电压 16、18、20、25、30、35、40、45、50、55、60 eV 序列，优化碰撞电压，使每种化合物的子离子响应最大。优化后，TeCDFs 和 HxCDFs 的碰撞电压为 30 eV，PeCDFs 和 HpCDFs 的碰撞电压为 25 eV，PCDDs 的碰撞电压为 18 eV，PCBs 的碰撞电压为 25 eV，PCNs 的碰撞电压为 30 eV。PCDD/Fs、PCBs 及 PCNs 的标准品选择反应监测总离子流图如图 2.4 所示。

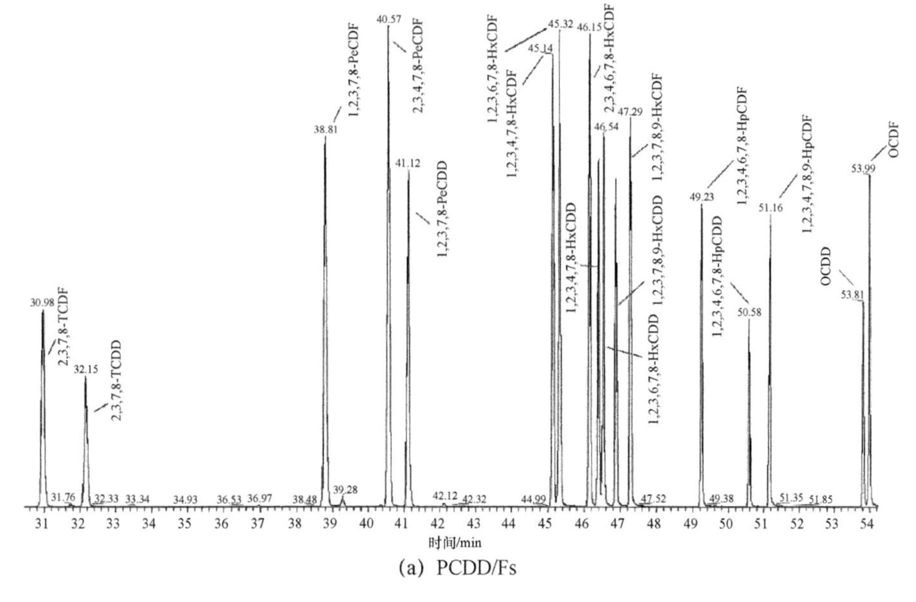

(a) PCDD/Fs

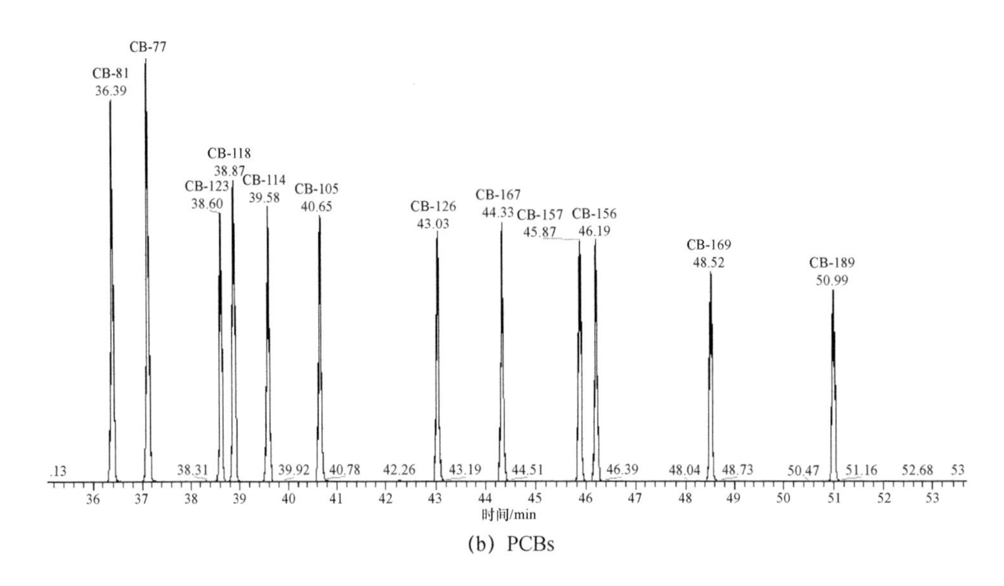

(b) PCBs

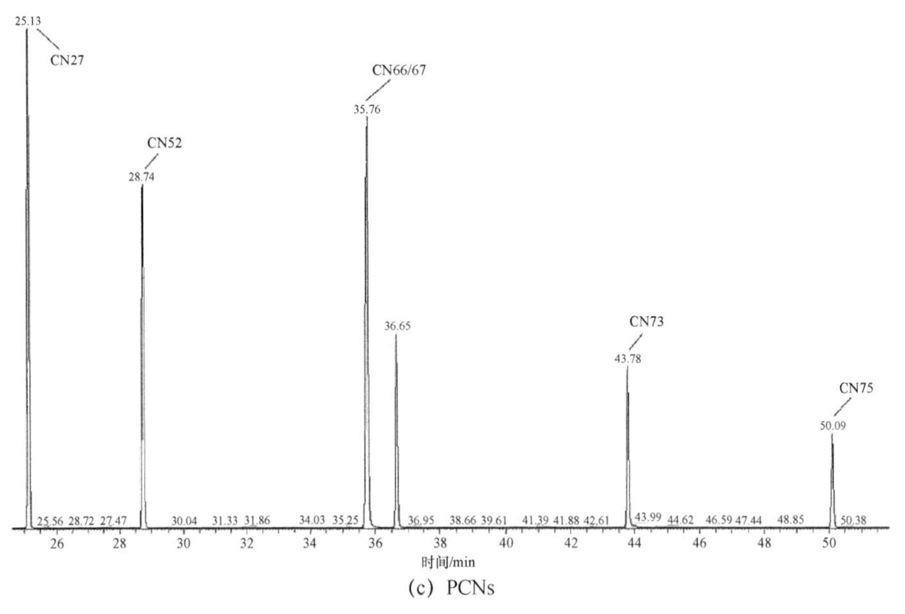

(c) PCNs

图 2.4 SRM 总离子流图

2.2.4 方法验证

(1)平均相对响应因子(RRF)、检出限(LOD)及定量限(LOQ)

利用上述三重四极杆质谱 SRM 方法，将 PCDD/Fs、PCBs 和 PCNs 的标准校正溶液分别进样(其中 TCDD/DFs、Pe-HpCDD/DFs、OCDD/DF、PCBs、PCNs 的校正溶液浓度范围分别为 0.2～80.0、1.0～400.0、2.0～800.0、6.4～500.0、1.0～400.0 ng・mL^{-1})，根据 US EPA 1613 方法，计算平均相对响应因子和 RSD，结果如表 2.4 所示。配制一系列浓度梯度接近检出限的标准溶液样品，采用已建立的质谱方法进行分析，以 3 倍信噪比为准，确定各化合物单体的 LOD，以 10 倍信噪比为准，确定各化合物的 LOQ，结果见表 2.5。PCDD/Fs、PCBs 及 PCNs 的 LOD 范围分别为 0.04～0.25、0.10～0.20 和 0.01～0.05 μg・L^{-1}，LOQ 范围分别为 0.11～0.79、0.24～0.61 及 0.03～0.20 pg・g^{-1}，目标物平均相对响应因子(RRF)的相对标准偏差(RSD)均小于 13%。

表 2.5　二噁英类化合物校正标准溶液的平均相对响应因子、检出限及定量限

化合物	平均相对响应因子	相对标准偏差/%	检出限/(μg・L^{-1})	定量限/(pg・g^{-1})	化合物	平均相对响应因子	相对标准偏差/%	检出限/(μg・L^{-1})	定量限/(pg・g^{-1})
2,3,7,8-TCDF	1.10	7	0.05	0.16	CB-77	1.12	6	0.10	0.29
1,2,3,7,8-PeCDF	1.00	6	0.08	0.23	CB-81	1.01	8	0.10	0.49
2,3,4,7,8-PeCDF	1.03	3	0.08	0.23	CB-123	0.95	10	0.20	0.57
1,2,3,4,7,8-HxCDF	1.28	4	0.04	0.12	CB-118	1.00	6	0.20	0.57
1,2,3,6,7,8-HxCDF	1.18	2	0.08	0.23	CB-114	0.95	5	0.10	0.28
2,3,4,6,7,8-HxCDF	1.32	5	0.04	0.11	CB-105	0.98	11	0.20	0.61
1,2,3,7,8,9-HxCDF	1.18	12	0.04	0.11	CB-126	1.02	8	0.20	0.56
1,2,3,4,6,7,8-HpCDF	1.43	9	0.06	0.17	CB-167	1.12	10	0.20	0.55
1,2,3,4,7,8,9-HpCDF	1.54	6	0.08	0.21	CB-157	1.03	6	0.20	0.54
OCDF	1.16	3	0.16	0.51	CB-156	1.00	5	0.20	0.51
2,3,7,8-TCDD	1.36	8	0.10	0.50	CB-169	1.13	7	0.10	0.24
1,2,3,7,8-PeCDD	1.17	7	0.06	0.21	CB-189	1.00	7	0.20	0.54
1,2,3,4,7,8-HxCDD	1.20	5	0.13	0.36	CN-27	1.15	8	0.05	0.19
1,2,3,6,7,8-HxCDD	1.10	5	0.13	0.42	CN-52	1.21	7	0.04	0.18
1,2,3,7,8,9-HxCDD	1.26	9	0.25	0.79	CN-66/67	2.38	9	0.01	0.05
1,2,3,4,6,7,8-HpCDD	1.34	11	0.25	0.78	CN-73	1.10	7	0.01	0.03
OCDD	1.29	9	0.16	0.65	CN-75	1.08	8	0.05	0.20

(2)基质加标实验

采集土壤,用快速溶剂萃取仪对土壤样品进行预提取,作为基质土使用。每份15.0 g基质土,称取3份平行样,加入$^{13}C_{12}$标记的PCDD/Fs、PCBs及PCNs同位素定量内标溶液,利用本方法对样品进行分析测定。三份平行样中各化合物的平均回收率及相对标准偏差见表2.6。样品中PCDD/Fs、PCBs和PCNs同位素定量内标溶液平均回收率范围分别为50%～95%,51%～103%和49%～74%,满足痕量分析的要求。回收率RSD范围为3%～30%,平行性较好。

表2.6　基质加标实验中$^{13}C_{12}$-PCDD/Fs、$^{13}C_{12}$-PCBs及$^{13}C_{12}$-PCNs的回收率分析结果($n=3$)

化合物	平均回收率/%	相对标准偏差/%	化合物	平均回收率/%	相对标准偏差/%
2,3,7,8-TCDF	78	7	CB-81	87	9
1,2,3,7,8-PeCDF	87	8	CB-77	51	30
2,3,4,7,8-PeCDF	86	6	CB-123	88	25
1,2,3,4,7,8-HxCDF	85	3	CB-118	88	24
1,2,3,6,7,8-HxCDF	87	4	CB-114	88	23
2,3,4,6,7,8-HxCDF	91	7	CB-105	82	27
1,2,3,7,8,9-HxCDF	87	10	CB-126	90	25
1,2,3,4,6,7,8-HpCDF	87	10	CB-167	91	20
1,2,3,4,7,8,9-HpCDF	95	5	CB-157	93	17
OCDF	79	8	CB-156	99	21
2,3,7,8-TCDD	50	18	CB-169	103	21
1,2,3,7,8-PeCDD	70	6	CB-189	93	17
1,2,3,4,7,8-HxCDD	91	6	CN27	65	25
1,2,3,6,7,8-HxCDD	77	10	CN52	55	20
1,2,3,7,8,9-HxCDD	79	8	CN66/67	49	11
1,2,3,4,6,7,8-HpCDD	80	5	CN73	74	19
OCDD	62	16	CN75	62	13

(3)实际样品测定

利用上述方法对再生铜厂与再生铝厂附近6份土壤样品及1份空白样品进行测定。空白样品中未检出PCDD/Fs、PCBs和PCNs。6份土壤样品中PCDD/Fs、PCBs和PCNs的总浓度范围分别为16.1～1147.5、6.6～152.6和10.9～99.5 pg·g^{-1}。相关研究表明,PCDD/Fs及PCBs的浓度越低,三重四极杆质谱法和高分辨质谱法测定的结果差异性越大(Dam et al.，2016；张利飞等，2014)。因此，本节选择上述 6 个样品中浓度水平较低的样品(n=3)，采用高分辨质谱法测定其三类化合物的含量水平，与三重四极杆质谱法测定结果进行比较。图 2.5 为三重四极杆质谱法与高分辨质谱法测定各化合物单体的结果对比图，可以看出，两种方法的测定结果具有一致性(R^2值范围为 0.94～0.99)。

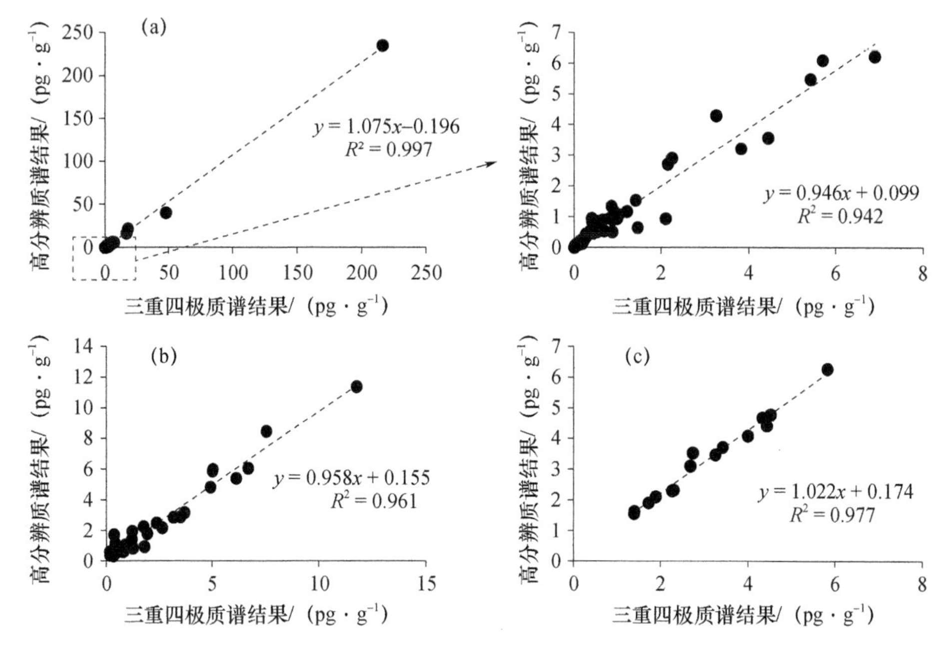

图 2.5 PCDD/Fs(a)、PCBs(b)和 PCNs(c)三重四极杆质谱法与高分辨质谱法测定结果的比对

2.2.5 小结

综上所述，快速溶剂萃取，酸性硅胶柱、复合硅胶柱及碱性氧化铝柱净化分离，同位素稀释-三重四极杆质谱法可以作为同时测定土壤中 PCDD/Fs、PCBs 及 PCNs 的有效方法。

参考文献

车金水，余翀天，2015. 加速溶剂萃取-气质联用法测定 $PM_{2.5}$中的有机氯及多氯联苯[J]. 环境化学，34(11):2146-2148.

李伟，陈左生，李常青，等，2004. 土壤中二噁英/呋喃类物质的 ASE 高效提取法[J]. 环境科学研究，17(2)：61-64.

吴嘉嘉，张兵，董姝君，等，2011. 同位素稀释气相色谱/三重四极质谱法测定二噁英同类物[J]. 分析化学，39(9)：1297-1301.

张干，刘向，2009. 大气持久性有机污染物(POPs)被动采样[J]. 化学进展，21(2/3)：297-306.

张利飞，张秀蓝，张辉，等，2014. 加速溶剂萃取-多层硅胶柱净化-气相色谱串联三重四极杆质谱法测定土壤和沉积物中的多氯萘[J]. 分析化学，42(2)：258-266.

ASPLUND L，GRAFSTRÖM A K，HAGLUND P，et al，1990. Analysis of non-ortho polychlorinated biphenyls and polychlorinated naphthalenes in Swedish dioxin survey samples[J]. Chemosphere，20(10)：1481-1488.

DAM G T，PUSSENTE I C，SCHOLL G，et al，2016. The performance of atmospheric pressure gas chromatography-tandem mass spectrometry compared to gas chromatography-high resolution mass spectrometry for the analysis of polychlorinated dioxins and polychlorinated biphenyls in food and feed samples[J]. Journal of Chromatography A，1477：76-90.

GUIDOTTI M，PROTANO C，DOMINICI C，et al，2013. Determination of selected polychlorinated dibenzo-p-dioxins/furans in marine sediments by the application of gas-chromatography-triple quadrupole mass spectrometry[J]. Bulletin of Environmental Contamination and Toxicology，90(5)：525-530.

HUGUES P H，MARTINE P G，2003. Optimization of accelerated solvent extraction for polyhalogenated dibenzo-p-dioxins and benzo-p-furans in mineral and environmental matrixes using experimental designs[J]. Analytical Chemistry，75(22)：6109-6118.

第3章 典型工业热排放源周边环境中二噁英类化合物的污染特征与健康风险评估

工业热过程，如再生铜冶炼、水泥生产和钢铁冶炼等，已成为当前环境中二噁英类化合物的主要排放源。高浓度的二噁英类化合物已在这些工业热源排放的烟道气和飞灰中检出，二噁英类化合物可能随烟道气进入周边环境中。所以工业热排放源周边环境中二噁英类化合物的污染特征及人群健康风险备受人们关注。本章以协同处理生活垃圾水泥窑和再生铜冶炼厂周边环境为研究区域，调查了土壤和大气环境中二噁英类化合物的污染水平与分布特征，同时对周边居民暴露上述环境介质中二噁英类化合物的致癌风险进行了评估。相关结果将有助于了解典型工业热排放源周边环境中二噁英类化合物的污染特征及人群健康风险。

3.1 协同处理生活垃圾水泥窑周边土壤中二噁英类化合物的污染特征与健康风险评估

随着城市生活垃圾产量的不断增加，焚烧已成为城市生活垃圾无害化处理方式的首要选择。水泥窑由于具有接近1000 ℃的高温、较长的停留时间和充足的氧气等特点而被广泛应用于城市垃圾处理行业(Yan et al.，2014；Yang et al.，2012)。相关研究表明，水泥生产过程中仍存在二噁英类化合物的生成和排放，但目前有关协同处理生活垃圾水泥窑周边环境中二噁英类化合物污染特征的研究还较少。所以，本节采集了我国西北地区某典型协同处理生活垃圾水泥窑周边环境土壤样本，同时还采集了协同处理生活垃圾水泥窑的飞灰样本，对各样本中二噁英类化合物的含量进行了测定，进而分析了协同处理生活垃圾水泥窑周边土壤中二噁英类化合物的同类物分布特征，结果可为了解协同处理生活垃圾水泥窑周边环境中二噁英类化合物的污染特征提供有价值的信息。

3.1.1 样品采集与分析

(1)样品采集

所调查的协同处理生活垃圾水泥窑地处黄土高原丘陵沟壑生态脆弱区，主导风向为西西北—东东南。该厂从2015年开始投入生产，以处理当地市区生活垃圾为主。其年垃圾焚烧量约为11万t，日产1条回转窑进行垃圾焚烧，窑尾烟气排放量在6×10^5 $Nm^3\cdot h^{-1}$左右，除氯系统烟气量3×10^4 $Nm^3\cdot h^{-1}$左右，烟气净化工艺为静电除尘装置。除尘器和除氯系统产生的飞灰最终全部重新循环投入水泥生产中。该协同处理生活垃圾水泥窑处于山谷之中，周边为成片居民区与大面积农田，水泥窑的生产运作可能产生二噁英类化合物，对周边环境和居民造成潜在危害。

2018 年 1 月，在协同处理生活垃圾水泥窑周边共采集了 17 份（A1～A17）土壤样本（图 3.1）。此外，在厂区除尘器收集装置中采集了 1 份飞灰样本，在距厂区约 15 km 的自然保护区采集了 1 份土壤背景样本。周边土壤样品采样方法为同心圆采样法，以协同处理生活垃圾水泥窑厂区为中心的 4 个同心圆分别代表距离厂区 500 m，1000 m，1500 m 和 2000 m。在协同处理生活垃圾水泥窑周边 1500 m 内采集了 14 份土壤样本，而在距离协同处理生活垃圾水泥窑大于 1500 m 外采集了 3 份样品。用不锈钢铲在每个采样点采集 0～10 cm 深的表层土壤 1 kg 左右，去除石块、植物根系等较大的干扰物。将土壤样本置于冰箱－20 ℃冷冻保存至分析。飞灰样本采集于协同处理生活垃圾水泥窑静电除尘器装置中。

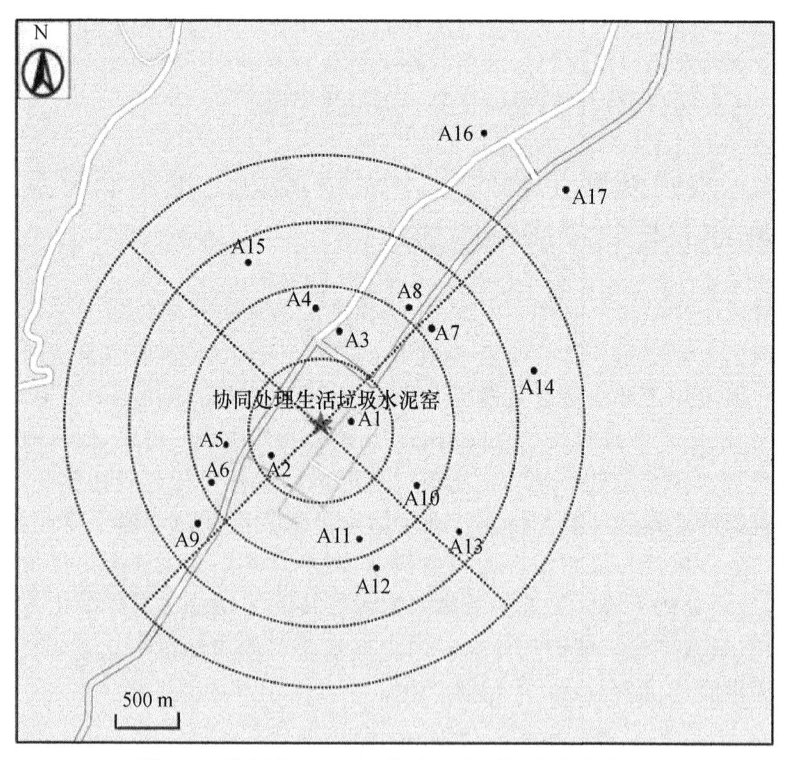

图 3.1　协同处理生活垃圾水泥窑采样点分布情况

（2）样品预处理和分析

土壤样品中二噁英类化合物的预处理和分析方法详见本书 2.2。飞灰样品中目标化合物的预处理方法如下：称取适量飞灰样品，置于玻璃纤维滤筒中，均匀加入经丙酮稀释的$^{13}C_{12}$-PCDD/Fs、$^{13}C_{12}$-PCBs 和$^{13}C_{10}$-PCNs 内标，置于具塞玻璃套筒中，静置 12 h。配置 1 mol · L^{-1}盐酸溶液，将其逐滴滴入飞灰中，至没有气泡产生为止，加入过量的盐酸没过飞灰表面。置于摇床上震荡 5 h 左右，使盐酸充分与飞灰反应。将玻璃纤维滤筒从玻璃套筒取出，使用纯净水洗至 pH＞4，收集水洗液与酸洗液合并保存。将水洗后的飞灰冷冻干燥，然后置于甲苯中索氏提取 24 h。使用 20 mL 二氯甲烷萃取水洗液与酸洗液三遍，将萃取液与提取液合并以净化和测定二噁英类化合物，具体方法与土壤样本相同。

(3)质量保证与质量控制

各目标化合物定量均采用同位素稀释法，PCNs、PCDD/Fs 和 PCBs 的检出限范围分别为 0.03～0.20、0.24～0.61 和 0.11～0.79 pg · g^{-1}。每一批实验均设置一个空白样品，并按照与土壤样品相同的步骤进行处理。在空白样品中，一些低氯代的 PCNs 和低氯代的 PCBs 被检测到，但是空白样品中这些物质的含量都小于样品含量的 5%，因此，未对土壤样本进行扣除空白处理。PCNs、PCDD/Fs 和 PCBs 内标化合物的回收率范围分别为 51%～82%、47%～104%和 49%～80%，符合 US EPA 1613 和 1668 方法中内标化合物回收率标准。

(4)数据统计与分析

①主成分分析法(PCA)

PCA 是考察多个变量间相关性一种多元统计方法，通过少数几个主成分来揭示多个变量间的内部结构，即从原始变量中导出少数几个主成分，使它们尽可能多地保留原始变量的信息。本研究采用软件 SPSS 20.0 软件(SPSS, Chicago, IL, USA)进行主成分分析。

②正交矩阵分解模型

正交矩阵分解(positive matrix factorization，PMF)模型由美国环境保护署开发，用于解析环境中污染物的来源。污染物的浓度和不确定度(方法检出限)作为变量输入模型，生成 3～10 个因子解。针对每个数据集，模型均运行 20 次。输出参数为 COD、R^2 和 Q 值。Q 值用来评估建模数据集和实际数据集之间的拟合优度，Q 值越小，表明模型拟合越合适。R^2 描述模型再现原始数据的能力，等于 1.0 表明拟合完美。通过 Q 值和 R^2 来确定最合适的因子数。最后，通过特定源的指纹图谱来识别潜在的排放源。

③暴露风险评估

本节采用美国 EPA 超级基金关于土壤中污染物对人体致癌风险(CR)及非致癌风险(no-CR)模型评估周边居民暴露于土壤中二噁英类化合物的健康风险。具体方法详见本书 1.5.1。

3.1.2　协同处理生活垃圾水泥窑土壤中二噁英类化合物的水平与分布

该协同处理生活垃圾水泥窑周边土壤中 PCDD/Fs 总浓度(∑PCDD/Fs)范围为 1.31～5.95 pg · g^{-1}，平均值为 3.70 pg · g^{-1}，中值为 3.60 pg · g^{-1}。总体上来看，该

协同处理生活垃圾水泥窑周边土壤中∑PCDD/Fs 的含量(中值 0.146 pg・TEQ・g^{-1})要大于青藏高原土壤∑PCDD/Fs 含量(中值 0.01 pg・TEQ・g^{-1})(Tian et al.,2014a),与卧龙山区土壤∑PCDD/Fs 含量(中值 0.28 pg・TEQ・g^{-1})相近(Pan et al.,2013)。与其他地区城市垃圾焚烧炉和水泥窑相比,该协同处理生活垃圾水泥窑周边土壤中∑PCDD/Fs 的含量与西班牙某水泥窑周边土壤∑PCDD/Fs 含量(0.37 pg・TEQ・g^{-1})相近(Rovira et al.,2014),略低于杭州某固体废物焚烧点(MSWI)(0.84 pg・TEQ・g^{-1})(Yan et al.,2008)、中国某 MSWI(0.93 pg・TEQ・g^{-1})(Zhou et al.,2016)和哈尔滨某 MSWI(1.16 pg・TEQ・g^{-1})(Meng et al.,2016)周边土壤∑PCDD/Fs 的含量,远低于华东某 MSWI 周边土壤∑PCDD/Fs 的含量(10.75 pg・TEQ・g^{-1})(Li et al.,2018)。

协同处理生活垃圾水泥窑周边土壤中 PCNs 总浓度(∑PCNs)范围为 131~1290 pg・g^{-1}(一氯至八氯萘,平均值 397 pg・g^{-1})。通过与其他地区∑PCNs 的浓度对比可发现,该协同处理生活垃圾水泥窑周边土壤中∑PCNs(三氯至八氯萘,平均值 158 pg・g^{-1})的含量要高于卧龙山区土壤中∑PCNs 的含量(三氯至八氯萘,平均值 20.4 pg・g^{-1})(Pan et al.,2013),但普遍低于一些含有多个潜在排放源的工业区周边土壤中∑PCNs 的含量,如土耳其某工业区(三氯至八氯萘,平均值为 1150 pg・g^{-1})(Cetin,2016)和中国山东某工业区(一氯至八氯萘,平均值 2194 pg・g^{-1})(Wu et al.,2018)等。与城市地区相比,该协同处理生活垃圾水泥窑周边土壤中∑PCNs 的水平与苏南地区土壤中∑PCNs 的水平(一氯至八氯萘,523 pg・g^{-1})相当(薛令楠等,2017),但要低于辽河流域土壤中∑PCNs 的水平(三氯至八氯萘,2605 pg・g^{-1})(Li et al.,2016)。总体而言,该协同处理生活垃圾水泥窑周边土壤中 PCNs 的浓度要低于含有多个潜在排放源的工业区与部分单一排放源周边土壤中 PCNs 浓度,远高于偏远山区。

该协同处理生活垃圾水泥窑周边土壤中∑PCBs 的浓度范围为 10.8~59.5 pg・g^{-1},平均值为 30.6 pg・g^{-1},中值为 27.9 pg・g^{-1}。表 3.1 对比了该区域与其他地区土壤中 PCBs 的浓度水平。结果显示,该协同处理生垃圾水泥窑土壤中∑PCBs 的浓度要高于偏远山区青藏高原和卧龙山中∑PCBs 的浓度,低于中国某 MSWI、北方某铁矿石烧结厂和东部某工业区周边土壤中∑PCBs 的浓度(但处于同一数量级),远低于西班牙某 MSWI 和土耳其某火力发电厂周边土壤中∑PCBs 的水平。可见,该协同处理生活垃圾水泥窑周边土壤中 PCBs 的浓度相对较低。

表 3.1 不同地区土壤中 PCBs 的水平

地点	单体数目	浓度/(pg・g^{-1})	TEQ 浓度/(pg・TEQ・g^{-1})	文献
我国某 MSWI	18	28.0~264.4	0.02~0.18	Liu et al.,2013
西班牙某 MSWI	7	46~5909	—	Rovira et al.,2014
意大利某焚化炉	28	700~30100	0~400	Capuano et al.,2005
我国北方某铁矿石烧结厂	18	8.8~403.6	0.05~0.65	Zhou et al.,2018

续表

地点	单体数目	浓度/(pg·g^{-1})	TEQ 浓度/(pg·TEQ·g^{-1})	文献
土耳其某火力发电厂	41	500～8300	—	Dumanoglu et al.，2017
我国东部某工业区	12	13.9～229.1	0.12～0.94	Wu et al.，2018
青藏高原	18	8.53～39.10	0.018～0.169	Tian et al.，2014a
卧龙山	12	7.6～10.5	0.01～0.02	Pan et al.，2013
协同处理生活垃圾水泥窑	19	10.8～59.5	0.00～0.05	本书

注:“—”表示文献中未提及。

研究分析了土壤中二噁英类化合物的浓度分布,发现位于协同处理生活垃圾水泥窑附近的采样点(A1)土壤中 PCDD/Fs(5.95 pg·g^{-1})和 PCNs(1290 pg·g^{-1})的浓度最高。PCDD/Fs 的第二高浓度点位于采样点 A15(5.09 pg·g^{-1})处。与 PCDD/Fs 不同,在采样点 A13 处也发现了较高水平的 PCNs(1004 pg·g^{-1})。PCBs 的浓度分布与 PCDD/Fs 和 PCNs 不同,PCBs 的浓度最高点位于采样点 A15(59.5 pg·g^{-1})处。背景样本中 PCDD/Fs、PCNs 和 PCBs 的浓度分别为 1.65、41.5 和 10.7 pg·g^{-1}。厂区周边土壤中三种二噁英类化合物含量普遍大于背景点的含量。PCNs 是协同处理生活垃圾水泥窑土壤中最主要的二噁英类化合物,这与之前报道过的其他地区相似(Kukucka et al.，2015; Nie et al.，2012; Pan et al.，2013)。总体上,PCDD/Fs、PCNs 和 PCBs 的浓度空间分布存在差异,这表明协同处理生活垃圾水泥窑可能对周边土壤中各二噁英类化合物污染特征具有不同的影响。

该协同处理生活垃圾水泥窑周边土壤中 PCDD/Fs、PCNs 和 PCBs 的 TEQ 浓度范围分别为 0.073～0.418、0.002～0.021 和 0.002～0.048 pg·g^{-1}。其中,土壤中 PCDD/Fs、PCBs 和 PCNs 的 TEQ 总浓度($\sum$TEQ)范围为 0.081～0.437 pg·TEQ·g^{-1}。由此可见,虽然 PCNs 对协同处理生活垃圾水泥窑周边土壤中二噁英类化合物的总浓度贡献率最高(92%),但它对研究区域土壤中二噁英类化合物$\sum$TEQ 的贡献率(3%)不及 PCDD/Fs(91%)和 PCBs(6%)。

3.1.3　协同处理生活垃圾水泥窑周边土壤中二噁英类化合物的单体分布特征

本节对协同处理生活垃圾水泥窑周边 17 份(A1～A17)土壤样品和 1 份飞灰样品中的 17 种 PCDD/F 单体进行了检测。如图 3.2 所示,在土壤样品中,贡献最大的 PCDD/Fs 单体为 OCDD、1,2,3,4,6,7,8-HpCDF 和 OCDF,它们占总浓度的 47%～85%。对于飞灰样品来说,1,2,3,4,6,7,8-HpCDF 和 2,3,7,8-TCDF 是贡献最大的两个单体,分别贡献了飞灰 PCDD/Fs 总浓度的 37%和 35%。BKG 为背景土壤样品,后同。

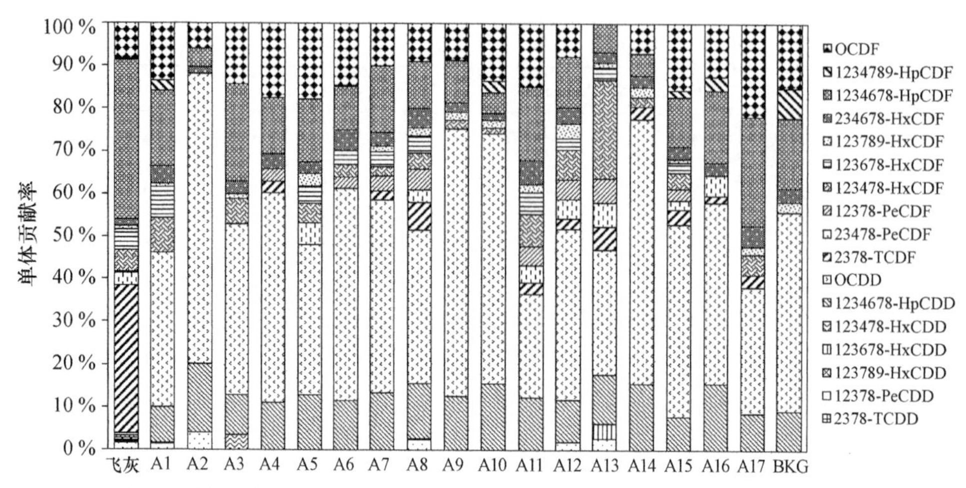

图 3.2 协同处理生活垃圾水泥窑飞灰及周边土壤中 PCDD/Fs 的单体分布

本节检测了土壤样本和飞灰样本中全部 75 种 PCNs 单体的含量。为便于反映 PCNs 在不同样品中的分布情况，使用不同氯代 PCNs 占总 PCNs 浓度的比例来进行分析，如图 3.3 所示。就大部分土壤样本而言，低氯萘(二氯萘和三氯萘)对 $\sum$PCNs 的贡献最大，平均占比为 37%和 26%。Liu 等(2015)曾报道过低氯萘在大多数工业热源的烟气样品中占主导地位，表明土壤中低氯萘浓度偏高可能是受热过程的影响。厂区附近的采样点(A1)中 PCNs 浓度最高，二氯萘和一氯萘对 $\sum$PCNs 的贡献最大(56%和 21%)。另一 PCNs 浓度较高的土壤样本(A13)中，一氯萘占 PCNs 总浓度的 49%。值得注意，样本 A3、A10 和 A16 的 PCNs 单体分布与其他样本不同，在这三个土壤样本中，五氯萘是最主要的 PCNs 单体，贡献率分别为 41%、37%和 36%。飞灰样本 PCNs 单体分布与大部分土壤样本相似，其中二氯萘占飞灰 PCNs 总浓度的 57%，这表明协同处理生活垃圾水泥窑可能对周边土壤中 PCNs 具有重要影响。

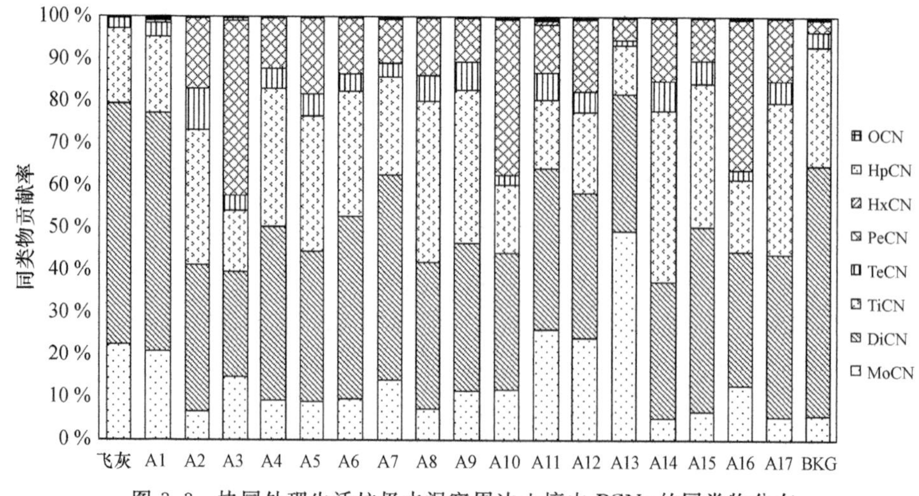

图 3.3 协同处理生活垃圾水泥窑周边土壤中 PCNs 的同类物分布

本节共检测了土壤样本中 12 种 dl-PCBs(dl-PCBs：CB-78、CB-81、CB-105、CB-114、CB-118、CB-123、CB-126、CB-156、CB-157、CB-167、CB-169 和 CB-189)、6 种指示性 id-PCBs(id-PCBs：CB-28、CB-52、CB-101、CB-138、CB-153 和 CB-180)和 CB-209 共 19 种 PCBs 单体。图 3.4 显示，id-PCBs 对$\sum_{19}$PCBs 的占比要大于 dl-PCBs 和 CB-209。对于 id-PCBs，低氯代 id-PCBs 占比最大，且随着氯代的增加，单体占比呈下降趋势。CB-28 是对 id-PCBs 总浓度贡献最大的单体，约占$\sum$id-PCBs 浓度的 65%。CB-52 是 id-PCBs 的第二大贡献者，占比为 16%。这与廖晓等(2015)报道过的典型烧结厂周边土壤中 id-PCBs 的单体分布特征相似。就 dl-PCBs 而言，CB-118(42%)、CB-77(21%)和 CB-105(19%)是最主要的 dl-PCBs。在飞灰样本中，id-PCBs、dl-PCBs 和 CB-209 对$\sum_{19}$PCBs 的贡献模式与土壤相似，$\sum$id-PCBs＞$\sum$dl-PCBs＞CB-209，且 id-PCBs 中，CB-28 对$\sum$id-PCBs 的贡献率超过了 80%。但与土壤样本单体分布不同，飞灰样品中 CB-77(46%)是最主要的 dl-PCBs 单体，其次是 CB-81(13%)，这表明协同处理生活垃圾水泥窑周边土壤中 PCBs 可能存在除水泥窑外的其他来源。

3.1.4　协同处理生活垃圾水泥窑周边土壤中二噁英类化合物的来源解析

多项研究表明，热过程排放烟道气中，PCDD/Fs 主要以 PCDFs 为主($\sum$PCDFs/$\sum$PCDDs＞1)(Nieuwoudt et al.，2009；Ba et al.，2009；Hu et al.，2019)。由图 3.4 的 PCDD/Fs 的单体分布特征可知，土壤中$\sum$PCDFs 与$\sum$PCDDs 的比值要小于 1，这表明研究区域土壤中 PCDD/Fs 受工业热过程影响的可能性较小。同时，由图 3.4 可发现协同处理生活垃圾水泥窑周边土壤中 17 种 PCDD/Fs 单体分布特征与飞灰间存在明显差异，但与背景土壤的分布特征更相似。可见，该协同处理生活垃圾水泥窑目前对研究区域土壤中 PCDD/Fs 组成影响很小。

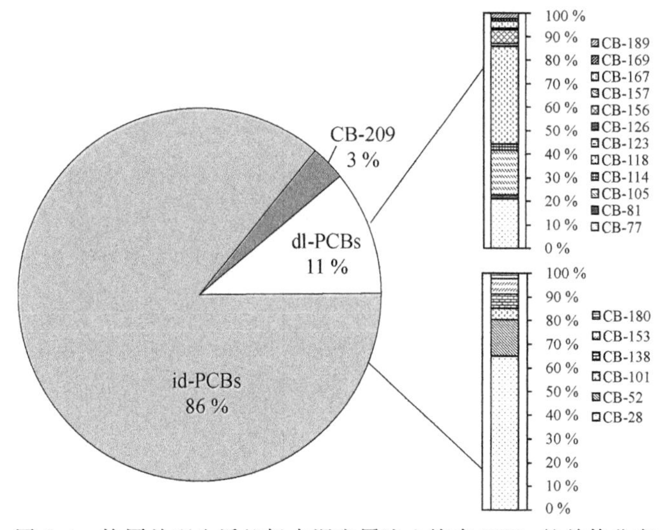

图 3.4　协同处理生活垃圾水泥窑周边土壤中 PCBs 的单体分布

研究表明，环境介质中 PCNs 主要来源于工业热过程、PCN 工业品的历史排放和商业 PCB 工业品(Liu et al.，2014；Lee et al.，2005)。Helm 等(2006)的研究表明，CN-20、CN-17/25/26、CN-13、CN-18、CN-44、CN-36/45、CN-29、CN-27/30、CN-39、CN-35、CN-52/60、CN-50、CN-51、CN-54 和 CN-66/67 是与燃烧相关的单体，这些特征单体容易在工业热过程中产生，而在 PCNs 工业品中含量极少，被称做 PCNs 热相关单体。研究表明，当$\sum_{热相关}$PCNs 与$\sum$PCNs 的比值小于 0.11 时，说明 PCNs 污染主要来源于 Halowax 系列工业品；而比值大于 0.5 时，说明污染主要来源于工业热过程(Cetin，2016；薛令楠等，2017；Lee et al.，2007)。本研究中，$\sum_{热相关}$PCNs/$\sum$PCNs 为 0.10～0.45，表明热过程和工业品均对土壤中 PCNs 做出了各自贡献。

为进一步分析 PCNs 的排放源，本节以 8 种 PCNs 同系物(一氯至八氯萘)作为变量，对 17 份土壤样本、飞灰样本、Halowax(HW) 1000、1001、1014、1013、1031、1051 和 1099(Noma et al.，2004)和 PCB 3(Huang et al.，2015)进行了主成分分析。图 3.5 显示了主成分因子得分情况，根据初始特征值大于 1 的原则，提取了两个主成分因子(Component 1 和 Component 2)。Component 1 的贡献率为 34.8%，样本位于 Component 1 正方向以八氯萘为主，位于负方向以一氯萘和二氯萘为主。Component 2 的贡献率为 27.2%，位于 Component 2 负方向的样本点中三氯至六氯萘的占比较高，位于正方向的样本点中以七氯萘对 PCNs 总浓度的贡献更大。7 份土壤样本(A1、A3、A7、A10～A12 和 A16)、飞灰样本(Fly ash)位于组分一(Group Ⅰ)内，9 份土壤样本(A2、A4～A6、A8、A9、A14、A15 和 A17)位于组分二(Group Ⅱ)内。此外，土壤样本 A13、工业品 Halowax 1000 接近 Group I，工业品 Halowax 1014 接近 Group Ⅰ和Ⅱ。Halowax 1000 属于氯化度较低的工业品，其常被用于染料行业的添加剂，而氯化度相对较高的 Halowax 1014 被广泛应用于阻燃剂当中(Noma et al.，2004)。本研究区域当中，协同处理生活垃圾水泥窑和周边居民区的废弃物内有可能会包含有 Halowax 1014。PCA 分析结果表明，研究区域土壤中 PCNs 的浓度不仅受协同处理生活垃圾水泥窑影响，还可能与工业品 Halowax 1014 的历史使用有关。

采用与 PCDD/Fs 相似的分析方法，通过对比土壤和飞灰样本中 PCBs 的单体分布特征来探究其可能来源。分析发现，研究区域内 17 份土壤样本中 id-PCBs 均是以 CB-28 和 CB-52 为主，这与协同处理生活垃圾水泥窑飞灰样本中 id-PCBs 的分布规律相似。在先前的研究中，Aroclors 1016、1221、1232、1242 和 1248 等 PCB 工业品中 CB-28 和 CB-52 的含量也相对较高(Takasuga et al.，2006；Wang et al.，2019)。虽然 PCBs 工业品在我国早已被禁止生产与使用，但协同处理生活垃圾水泥窑或者其他居民区内曾经遗留的含有 PCBs 的废弃物也可能会释放 PCBs。因此，利用现有数据来探究 id-PCBs 的来源具有局限性。与 id-PCB 不同，飞灰样本和距离协同处理生活垃圾水泥窑最近的采样点(A1 和 A2，<500 m)的 dl-PCBs 单体分布与其他土壤样本点不同。在飞灰、A1 和 A2 样本中，CB-77 是最主要的 dl-

PCBs 单体，说明这些样本可能来源于协同处理生活垃圾水泥窑。而其他样本点中 dl-PCBs 均是以 CB-118 为主，CB-118 在传统的工业热过程或者工业品当中的占比均相对较高（Takasuga et al.，2006），因此，很难去判断其他样本中 dl-PCBs 的来源。

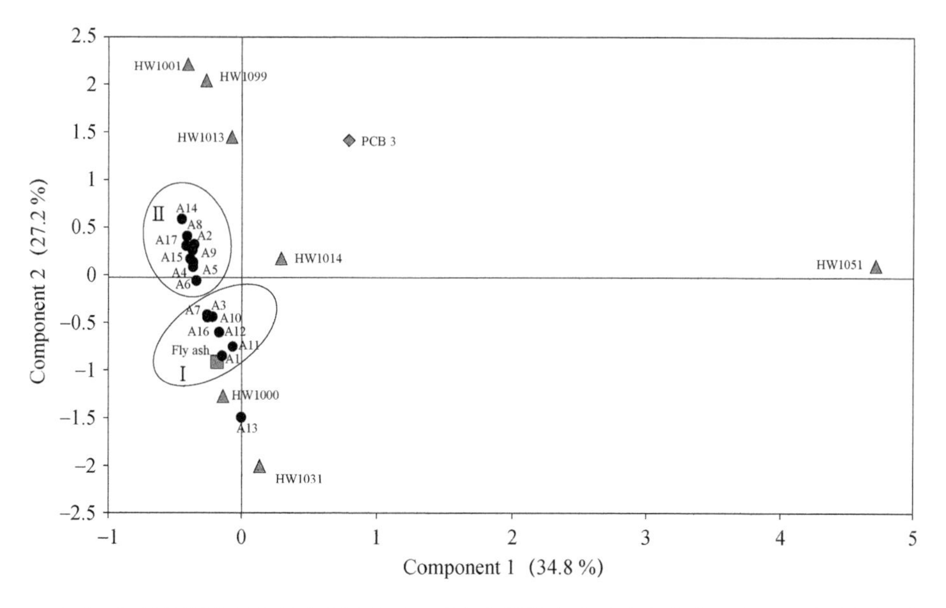

图 3.5　协同处理生活垃圾水泥窑飞灰、周边土壤样本和工业产品中 PCNs 主成分分析图

综上所述，协同处理生活垃圾水泥窑目前对本研究区域土壤中 PCDD/Fs 的影响很小。由主成分分析可知，本研究区域土壤中 PCNs 可能主要受协同处理生活垃圾水泥窑和工业品 Halowax 1014 历史使用的影响。

3.1.5　协同处理生活垃圾水泥窑周边土壤中二噁英类化合物对居民暴露风险的评估

采用 US EPA 推荐的模型，用各样本 $\sum$TEQ 浓度和暴露风险模型（详见 1.5.1）评价协同处理生活垃圾水泥窑周边土壤中二噁英类化合物对周边居民（孩童和成人）的潜在健康风险。总体上，所有样本中二噁英类化合物对人类的 CR 均未超过 EPA 建议的风险阈值（$CR=1\times10^{-6}$）（表 3.2）。其中，样本 A13 中居民（孩童和成人）的暴露风险最高（8.93×10^{-8} 和 9.16×10^{-8}），这有可能与样本 A13 中 1,2,3,7,8-PeCDD、2,3,7,8-TCDF、2,3,4,7,8-PeCDF 和 1,2,3,7,8-PeCDF 等毒性较大的低氯代 PCDD/Fs 单体浓度较高有关。孩童的 no-CR 要明显高于成人，这可能与孩童每日土壤摄入量高等因素有关，应当更加重视二噁英类化合物对孩童的危害。

表 3.2 协同处理生活垃圾水泥窑周边土壤对居民的 CR 及 no-CR

样品	孩童		成人	
	CR	no-CR	CR	no-CR
A1	6.39×10^{-8}	6.12×10^{-3}	6.56×10^{-8}	6.07×10^{-4}
A2	3.12×10^{-8}	2.99×10^{-3}	3.20×10^{-8}	2.97×10^{-4}
A3	3.62×10^{-8}	3.46×10^{-3}	3.71×10^{-8}	3.43×10^{-4}
A4	2.95×10^{-8}	2.83×10^{-3}	3.03×10^{-8}	2.80×10^{-4}
A5	3.65×10^{-8}	3.50×10^{-3}	3.75×10^{-8}	3.47×10^{-4}
A6	2.85×10^{-8}	2.73×10^{-3}	2.92×10^{-8}	2.70×10^{-4}
A7	3.04×10^{-8}	2.91×10^{-3}	3.12×10^{-8}	2.89×10^{-4}
A8	3.51×10^{-8}	3.36×10^{-3}	3.60×10^{-8}	3.34×10^{-4}
A9	2.67×10^{-8}	2.55×10^{-3}	2.74×10^{-8}	2.53×10^{-4}
A10	2.88×10^{-8}	2.76×10^{-3}	2.96×10^{-8}	2.74×10^{-4}
A11	6.48×10^{-8}	6.21×10^{-3}	6.65×10^{-8}	6.16×10^{-4}
A12	4.79×10^{-8}	4.59×10^{-3}	4.92×10^{-8}	4.55×10^{-4}
A13	8.93×10^{-8}	8.55×10^{-3}	9.16×10^{-8}	8.48×10^{-4}
A14	1.65×10^{-8}	1.58×10^{-3}	1.70×10^{-8}	1.57×10^{-4}
A15	4.30×10^{-8}	4.12×10^{-3}	4.41×10^{-8}	4.08×10^{-4}
A16	2.92×10^{-8}	2.80×10^{-3}	3.00×10^{-8}	2.77×10^{-4}
A17	4.01×10^{-8}	1.57×10^{-3}	4.12×10^{-8}	3.81×10^{-4}

利用公式分别计算居民经皮肤接触、偶然摄入和呼吸吸入三种不同途径的 CR（公式(1.1)、(1.4)和(1.7)）和 no-CR（公式(1.9)、(1.10)和(1.11)）值。图 3.6 显示了这三种途径对居民总暴露风险的贡献占比分布。其中，偶然摄入是土壤中二噁英类化合物对居民总 CR 的主要暴露途径，其平均贡献率为 90%，其次是皮肤接触(7%)和呼吸吸入(3%)。

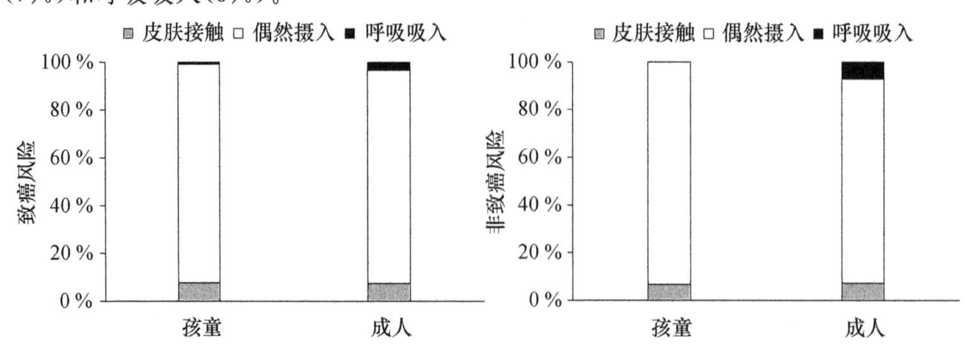

图 3.6 协同处理生活垃圾水泥窑周边居民暴露土壤中二噁英类化合物的风险分布

3.1.6 小结

(1)测定了我国西北某协同处理生活垃圾水泥窑周边土壤中PCDD/Fs、PCNs和PCBs的浓度,其含量低于其在国内外垃圾焚烧炉周边土壤中的含量。PCNs对二噁英类化合物的质量浓度贡献最大,但PCDD/Fs对总TEQ浓度贡献最大。

(2)比较了周边土壤与协同处理生活垃圾水泥窑飞灰和背景土壤中PCDD/Fs的单体组成分布,结果表明,协同处理生活垃圾水泥窑对研究区域土壤中PCDD/Fs的影响较小。主成分分析结果显示,研究区域土壤中PCNs的浓度不仅受协同处理生活垃圾水泥窑影响,可能还与工业品Halowax 1014的历史使用有关。

(3)协同处理生活垃圾水泥窑周边各采样点土壤中二噁英类化合物对孩童和成人的致癌和非致癌风险均低于风险阈值,偶然摄入是致癌和非致癌风险最主要的暴露途径。

3.2 典型再生铜冶炼厂周边土壤中二噁英类化合物的污染特征与健康风险评估

再生铜冶炼主要是通过火法冶炼从废杂铜中回收金属铜的过程。废杂铜中往往含有有机杂质,如塑料、涂料或溶剂,冶炼过程中在铜的催化下这些杂质的燃烧将导致高浓度PCDD/F、PCBs和PCNs的生成和排放(Ba et al., 2009, 2010; USEPA, 2006)。由于持久性和难降解性,冶炼过程排放至环境中的PCDD/F、PCBs和PCNs可能不断沉降至周边土壤,含量进而得到富集。同时,由于样品相对更易获取,土壤已成为调查工业热排放源周边和工业区环境质量的理想介质。近年来,有关工业热排放源周边土壤中PCDD/F、PCBs和PCNs污染的研究已大量开展,如市政生活垃圾焚烧厂、钢铁冶炼厂和铁矿石烧结厂(Liu et al., 2012, 2013; 廖晓等, 2015; 陈学斌等, 2016; Meng et al., 2016; Odabasi et al., 2017; Tian et al., 2014b)。在这些研究中,工业热排放源对周边土壤中PCDD/F、PCBs或PCNs的浓度与单体分布特征都造成了显著影响。但是,目前有关再生铜冶炼厂周边土壤中PCDD/F、PCBs和PCNs的报道还较少,尤其是同时关注三种二噁英类化合物的报道。所以,鉴于再生铜冶炼过程中可能排放高浓度的PCDD/F、PCBs和PCNs,其周边土壤中有关这些有毒有害化合物污染特征的研究亟须开展。

本节选择山东省某典型再生铜冶炼厂为研究案例。该冶炼厂2009年开工建设,位于一家2003年成立的经济开发区内。开发区建设前的土地利用类型基本为耕地,园区内无其他二噁英类化合物潜在工业热排放源,所以该区域是研究再生铜冶炼厂周边环境中PCDD/F、PCBs和PCNs污染特征的理想场所。首先采集冶炼厂周边土壤样品，并测定其中 PCDD/F、PCBs 和 PCNs 的浓度；然后通过分析 PCDD/F、PCBs 和 PCNs 单体分布特征，结合主成分分析（PCA）等方法对周边土壤中这些污染物的来源进行解析；最后评估工业区室外工人暴露于土壤中 PCDD/F、PCBs 和 PCNs 的健康风险。研究结果将有助于了解再生铜冶炼厂周边环境中二噁英类化合物的污染特征与健康风险。

3.2.1 样品采集与分析

（1）样品采集

该再生铜冶炼厂于 2009 年开工建设，设置两条生产线，采用 250 t NGL 冶炼炉，燃料为液化石油气。至样品采集时间（2015 年 7 月），多家工厂已在该经济开发区建设成立，主要包括机械制造厂、食品加工厂、医药厂等，但是这些工厂都不是二噁英类化合物的潜在排放源。所以，研究采用同心圆采集法，以再生铜厂为中心，于其周边各方向和不同距离采集了 12 份土壤样本（图 3.7）。其中 3 份土壤样本采集于再生铜冶炼车间附近（<300 m），3 份样本采集于距冶炼厂 1000 m 左右处，2 份样本采集于距冶炼厂 2000 m 左右处，剩余样本距冶炼厂距离大于 2000 m。在每个采样点，利用清洁的不锈钢铲采集表层土壤（0～10 cm），土壤样品用铝箔包裹，置于密封袋里于冰箱 −18 ℃冷冻保存。

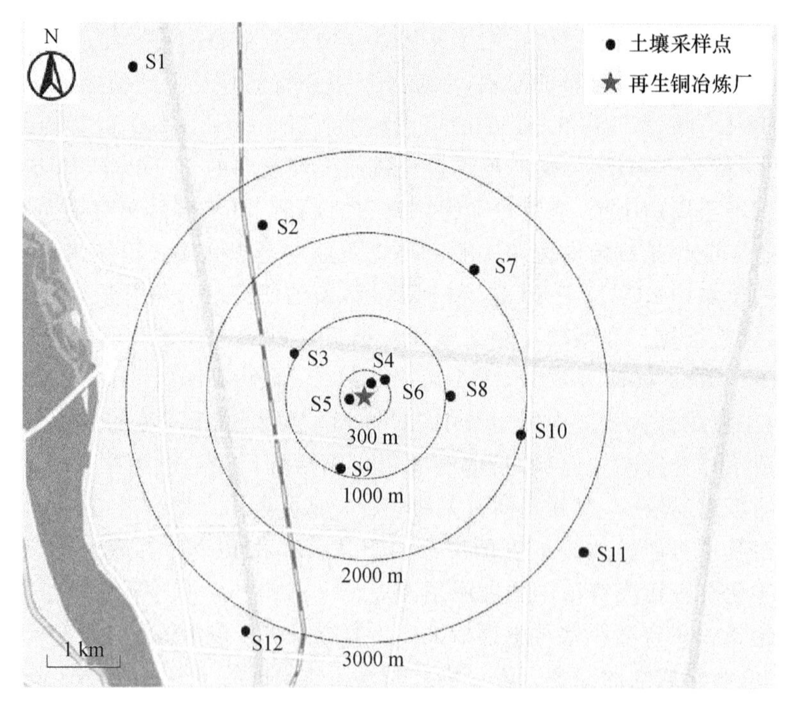

图 3.7 再生铜冶炼厂周边土壤样品采集点位示意图

(2)样品预处理和分析

土壤样品中二噁英类化合物的预处理方法详见本书 2.2。土壤样品中 PCDD/Fs 的测定采用 Agilent 6890 气相色谱-Waters Autospec 高分辨质谱联用仪,离子源为 EI,SIM 模式下分辨率>10000。进样方式为不分流模式,进样量为 1 μL。色谱柱为 DB-5(60 m×0.25 mm i.d.×0.25 μm);载气为 He,流速为 1.2 mL·min^{-1}。离子源电压为35 eV。离子源温度为 270 ℃。色谱柱升温程序为:初始温度为 160 ℃,保持 2 min;7.5 ℃·min^{-1}升至 220 ℃,保持 16 min;5 ℃·min^{-1}升至 235 ℃,保持 7 min;5 ℃·min^{-1}升至 330 ℃,保持 1 min。土壤样品中 PCBs 和 PCNs 的测定采用 Trace 1310 气相色谱-TSQ 8000 Evo 三重四极杆质谱联用仪(美国 Thermo Fisher Scientific 公司),方法详见本书 2.2。

(3)质量保证与质量控制

采用同位素稀释法测定土壤样品中目标化合物的含量,PCDD/Fs、PCBs 和 PCNs 的检出限浓度范围分别为 0.08~0.24、0.24~0.61 和 0.03~0.20 pg·g^{-1}。PCDD/Fs、PCBs 和 PCNs 内标化合物的回收率范围分别为 78%~112%、69%~115%和 58%~121%,满足环境介质中痕量有机污染物的测定要求。每一批实验均设置一个空白样品,并按照与土壤样品相同的步骤进行处理。在空白样品中,一些低氯代的 PCNs 被检测到,但是空白样品中这些物质的含量都小于样品含量的 5%,因此,未对土壤样品进行空白校正。

(4)数据统计与分析

采用 SPSS 13.0 软件进行数据的主成分分析(PCA)。

采用美国 EPA 超级基金风险评估指南关于工人暴露室外土壤中相关污染物的致癌风险(CR)及非致癌风险(no-CR)模型评估再生铜冶炼厂周边土壤中 PCDD/Fs、PCBs 和 PCNs 的健康风险。相关模型公式及取值详见本书 1.5.1。

3.2.2 再生铜冶炼厂周边土壤中 PCDD/Fs、PCBs 和 PCNs 的浓度水平与分布

再生铜冶炼厂周边土壤样品中 17 种 2378 位取代 PCDD/Fs 和 12 种类二噁英 PCB(dl-PCBs)单体总浓度范围分别为 17.2~370 pg·g^{-1}(平均值 97.8 pg·g^{-1})和 1.20~14.2 pg·g^{-1}(平均值 4.97 pg·g^{-1})。PCDD/Fs 和 PCBs 的 WHO 2005 总毒性当量浓度范围为 0.75~9.89 pg·g^{-1}(平均值 2.12 pg·g^{-1})。75 种 PCNs 单体总浓度范围为 70.9~950 pg·g^{-1}(平均值 199 pg·g^{-1}),毒性当量浓度范围为 0.009~0.276 pg·g^{-1}(平均值 0.048 pg·g^{-1})(表 3.3)。以山东省某森林公园土壤中 PCDD/Fs、PCBs 和 PCNs 的浓度作为背景对照(Wu et al., 2018),再生铜冶炼厂周边土壤中 PCDD/Fs 和 PCBs 的 WHO-2005 毒性当量浓度是背景点的 2~38 倍;PCNs 的毒性当量浓度是背景点的 4~112 倍。

表 3.3 再生铜冶炼厂周边土壤中 PCDD/Fs、PCBs 和 PCNs 的浓度及相关特征比值 单位:pg·g^{-1}

样品	Σ2,3,7,8-PCDD/Fs	ΣPCDFs/ΣPCDDs	Σdl-PCBs	ΣWHO-2005	PCNs		
					ΣPCNs	Σ$_{热相关}$PCNs	ΣTEQ
S1	25.9	1.4	3.61	0.98	166	41.1	0.046
S2	17.2	2.6	4.40	0.72	70.9	20.2	0.009
S3	23.0	1.4	14.2	1.16	177	51.7	0.023
S4	129	3.8	2.63	3.25	189	83.0	0.064
S5	370	4.2	10.7	9.92	950	332	0.276
S6	148	11	1.38	1.64	123	39.9	0.046
S7	19.8	1.7	1.45	0.72	99.7	21.2	0.012
S8	27.6	2.7	2.64	0.90	141	40.0	0.023
S9	333	0.11	11.5	2.00	146	36.0	0.025
S10	18.2	0.84	1.20	0.42	96.3	19.2	0.010
S11	37.8	1.0	4.47	1.38	101	37.3	0.022
S12	24.4	2.4	1.38	0.83	122	28.9	0.020

该再生铜冶炼厂周边土壤样品中 PCDD/Fs 的含量与我国哈尔滨两家市政生活垃圾焚烧厂(17.2～157 pg·g^{-1})(Meng et al., 2016)、华北某钢铁冶炼厂(13～320 pg·g^{-1})(Zhou et al., 2018)和山东某工业区(平均值 101.8 pg·g^{-1})(Wu et al., 2018)周边土壤中 PCDD/Fs 的浓度水平相当,但是低于我国珠三角的工业区(平均值 1320 pg·g^{-1})(Zhang et al., 2009)。dl-PCBs 的浓度低于我国唐山某铁矿石烧结厂(8.81～403.59 pg·g^{-1})(廖晓等, 2015)和迁安钢铁冶炼厂(4.77～462.04 pg·g^{-1})(陈学斌等, 2016)周边土壤中 dl-PCBs 的含量水平,与华北某市政生活垃圾焚烧厂(4.97～43.36 pg·g^{-1})(Liu et al., 2013)相当。关于 PCNs,该再生铜冶炼厂周边土壤中的一氯至八氯萘的含量与我国华北某市政生活垃圾焚烧厂(30.35～280.9 pg·g^{-1})(Tian et al., 2014b)周边土壤中 PCNs 的含量相当,低于山东省某工业区(平均值 2194.4 pg·g^{-1})(Wu et al., 2018);三氯至八氯萘的含量(44.9～682 pg·g^{-1})与土耳其 Hatay-Iskenderun 工业区(40～940 pg·g^{-1})(Odabasi et al., 2010)土壤中 PCNs 的含量相当,低于土耳其 Aliaga 工业区(3～10020 pg·g^{-1})(Odabasi et al., 2017)。从以上对比可知,虽然采样时该再生铜冶炼厂仅运行 6 年,但是与其他工业热排放源或工

业区相比，周边土壤中 PCDD/Fs、PCBs 和 PCNs 的污染水平仍处于中等水平。

土壤中最高浓度的 PCDD/Fs(370 pg・g^{-1})和 PCNs(950 pg・g^{-1})均在采集于再生铜冶炼厂附近(<300 m)的 S5 样品中被发现，而最高浓度的 PCBs(14.2 pg・g^{-1})在距离再生铜冶炼厂 1000 m 左右的 S3 样品中被检出。较高浓度的 PCDD/Fs(333 pg・g^{-1})和 PCBs(11.5 pg・g^{-1})出现在 S9 样品中，但是该采样点土壤中 PCNs(146 pg・g^{-1})的浓度却较低。再生铜冶炼厂周边土壤中 PCDD/Fs、PCBs 和 PCNs 的浓度分布特征表明，在该工业区可能还存在除再生铜冶炼厂之外的其他二噁英类化合物的污染源。

3.2.3　PCDD/Fs、PCBs 和 PCNs 的同类物组成特征与来源解析

(1)PCDD/Fs

该再生铜冶炼厂周边各土壤样品中 PCDD/Fs 的单体组成呈现出明显不同的特征，且不同于背景样品(图 3.8(a))。采集于再生铜冶炼厂附近的样品 S4～S6 中，OCDF 是最主要的贡献单体，占 PCDD/Fs 总含量的 41%～74%(平均 54%)。在 S1～S3、S7、S8 和 S10～S12 样品中，OCDD 的贡献率相对较高，占 PCDD/Fs 总含量的 19%～48%(平均 30%)。有趣的是，样品 S9 呈现出不同于其他所有样品的单体分布特征，其 OCDD 的贡献率达到 82%。同时，样品 S9 中检出了较高浓度(330 pg・g^{-1})的 PCDD/Fs，仅次于最高浓度的 S5(370 pg・g^{-1})。以杂质形式存在于化工产品中 PCDD/Fs 的单体分布往往具有自身不同的特征，如五氯酚和五氯酚钠，OCDD 是其最主要的贡献单体，占比大于 76%(包志成等，1995)。S9 样品中 PCDD/Fs 的单体分布特征与其在五氯酚和五氯酚钠中的分布特征高度相似(图 3.9)。五氯酚和五氯酚钠曾作为木材防腐剂和杀虫剂被大量使用(丁香兰等，1990；蒋可等，1990)。工业区建设之前该区域主要为农业用地，五氯酚或五氯酚钠可能作为杀虫剂曾被使用，由于 PCDD/Fs 具有持久性，所以在 S9 样品中检出较高浓度 PCDD/Fs 可能是历史使用五氯酚或五氯酚钠后的环境残留。

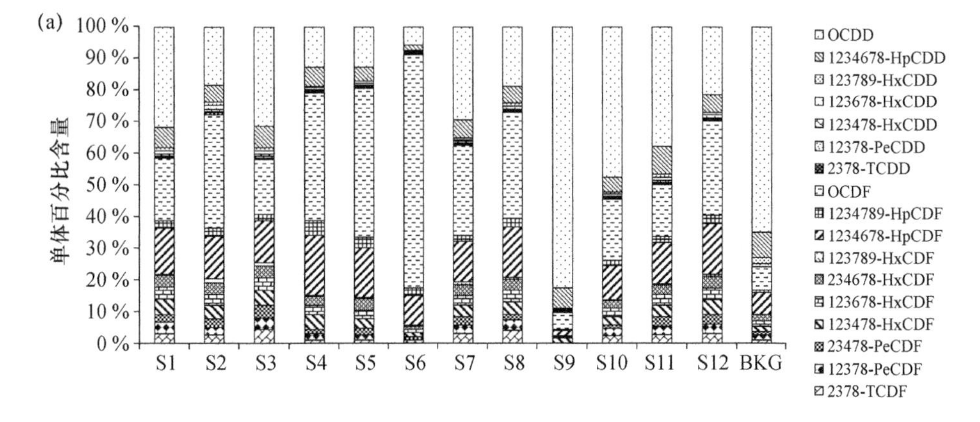

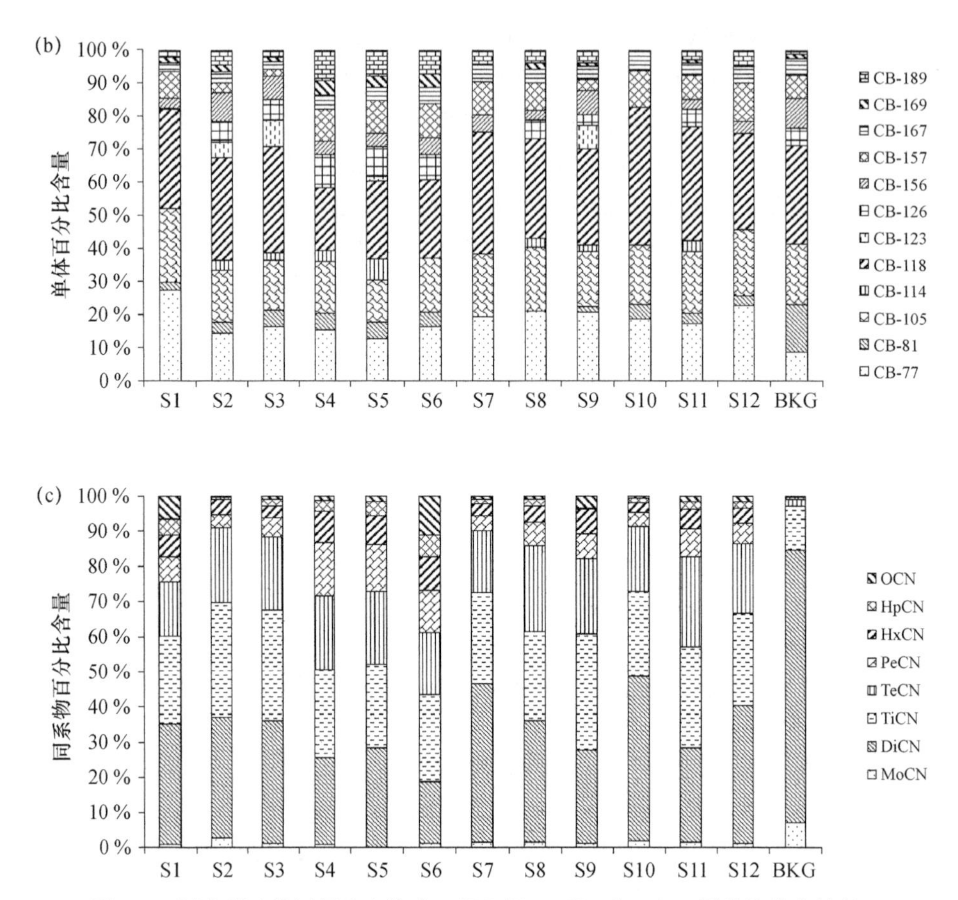

图 3.8 再生铜冶炼厂周边土壤中 PCDD/Fs、PCBs 和 PCNs 同类物分布特征

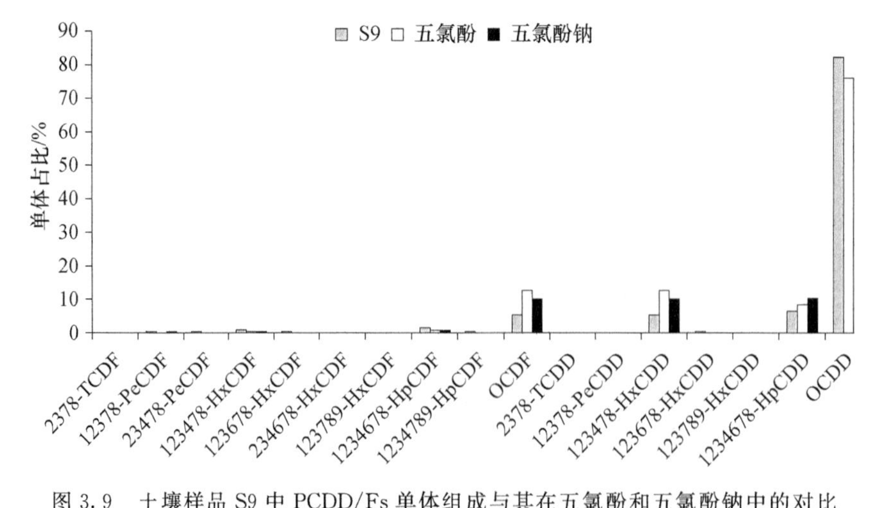

图 3.9 土壤样品 S9 中 PCDD/Fs 单体组成与其在五氯酚和五氯酚钠中的对比

PCDFs 总含量与 PCDDs 总含量的比值($\sum$PCDFs/$\sum$PCDDs)常用于初步判断环境中 PCDD/Fs 的来源,其比值>1 往往表明研究区域存在热排放源(Oh et al.,2006; Colombo et al.,2011)。研究发现,样品 S4～S6 样品中$\sum$PCDFs/$\sum$PCDDs 的比值(3.8～11)明显高于其他样品(0.11～2.7),这说明再生铜冶炼厂对周边土壤中 PCDD/Fs 可能具有一定的影响,而且对其距离较近的土壤影响更为显著。分析目标污染物随距离增加的变化趋势经常被用于鉴别特定的污染点源(Liu et al.,2013; Colombo et al.,2011)。图 3.10(a)显示了再生铜冶炼厂周边土壤样品中 PCDD/Fs 的浓度随距离变化的趋势。总体上呈现出下降的趋势:在距再生铜冶炼厂 300 m 内,土壤样品中 PCDD/Fs 的浓度最高(1.63～9.82 WHO-TEQ・pg^{-1}),PCDD/Fs 的浓度呈现出指数下降;距离大于 1000 m 后,各土壤样品中的 PCDD/Fs 的浓度降为同一水平(0.42～1.35 WHO-TEQ・pg^{-1});其中 S9 样品由于受到了历史使用五氯酚或五氯酚钠的影响,其浓度为 1.96 WHO-TEQ・pg^{-1}。

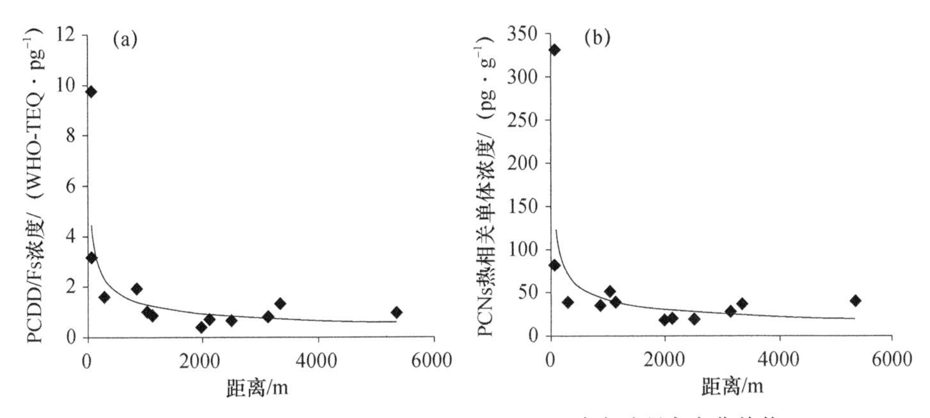

图 3.10　土壤中 PCDD/Fs(a)和 PCNs(b)浓度随距离变化趋势

不同污染源释放 PCDD/Fs 的指纹谱图常用于环境中 PCDD/Fs 的来源解析(Colombo et al.,2011,2009)。所以,此处尝试运用 PCA 对再生铜冶炼厂周边土壤中 PCDD/Fs 的来源进一步鉴别。该再生铜冶炼厂排放的烟道气样品(SeCu-S1、SeCu-S2 和 SeCu-S3)(Li et al.,2019)、周边土壤样品、五氯酚和五氯酚钠工业品(PCP 和 PCP-Na)(包志成等,1995)、3 家再生铝冶炼厂烟道气样品(SeAl-1、SeAl-2 和 SeAl-3)(Hu et al.,2013a)、3 家市政生活垃圾焚烧厂烟道气样品(WI-1、WI-2 和 WI-3)和 1 家水泥窑烟道气样品(Cement kiln)(Hu et al.,2013b)中的 PCDD/Fs 含量被用于 PCA 分析。分析将再生铜冶炼厂周边土壤样品和各排放源烟道气、五氯酚和五氯酚钠工业品作为对象,PCDD/Fs 单体贡献量作为变量。主成分 1(47.9%)和主成分 2(19.3%)的因子得分图如图 3.11 所示。从图中可知,样品 S9 与五氯酚和五氯酚钠可归为一组,样品 S4～S6 与再生铜冶炼厂烟道气样品可归为一组,其他土壤样品更为接近再生铜冶炼厂烟道气样品。主成分分析结果进一步表明,紧邻距离再生铜冶炼厂(<300 m)的土壤样品受其影响显著,周边土壤可能还受到了五氯酚或五氯酚钠历史使用的影响。

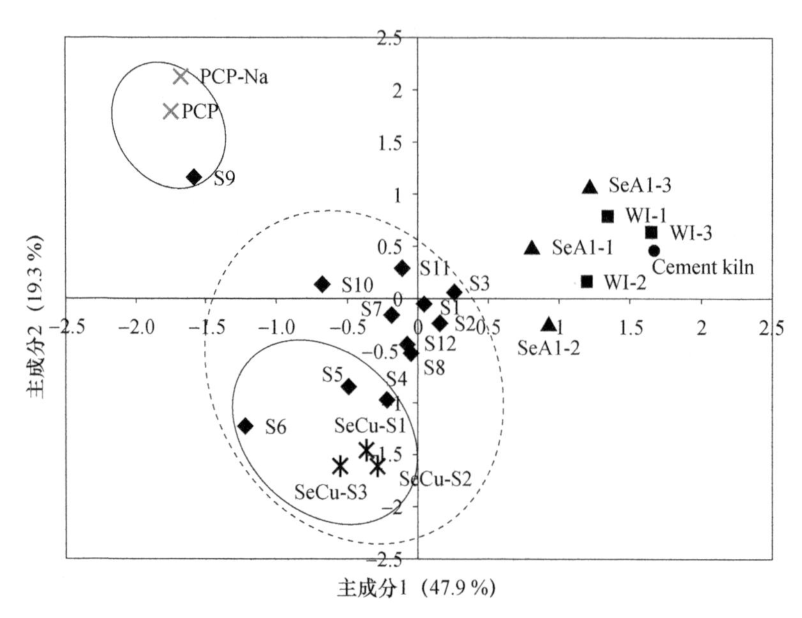

图 3.11 主成分分析因子得分图

(PCP:五氯酚;PCP-Na:五氯酚钠;SeCu:再生铜冶炼厂;SeAl:再生铝冶炼厂;WI:市政生活垃圾焚烧厂;Cement kiln:水泥窑)

(2)PCNs

再生铜冶炼厂周边各土壤样品中PCNs的同系物组成呈现出相似的特征,二氯至四氯萘是最主要的同系物,对总含量的贡献率达到60%~90%(平均值80%),且不同于背景样品(主要同系物为二氯萘,贡献率为90%)[图3.8(b)]。PCNs曾被工业化生产,其中Halowax系列工业品的产量最大(郭丽等, 2009)。PCNs各工业品中同系物的组成呈现出不同特征:Halowax 1000和Halowax 1031的组成以一氯萘(15%和65%)和二氯萘(76%和30%)为主,Halowax 1001和Halowax 1099组成以二氯萘(52%和38%)和三氯萘(41%和50%)为主,Halowax 1013组成以三氯萘(16%)、四氯萘(54%)和五氯萘(27%)为主,Halowax 1014以四氯萘(18%)、五氯萘(52%)和六氯萘(23%)为主,Halowax 1051以七氯萘(17%)和八氯萘(82%)为主(Noma et al., 2004)。再生铜冶炼厂周边土壤样品中PCNs以二氯萘(33%)、三氯萘(27%)和四氯萘(20%)为主,不同于上述Halowax系列工业品中PCNs同系物组成特征(图3.12)。PCNs于20世纪80年代后已经被停止生产和使用,再生铜冶炼厂所在工业区于2003才开始建设,所以PCNs工业品不会在本研究区域被使用,周边环境中PCNs源于工业品释放的可能性较小。

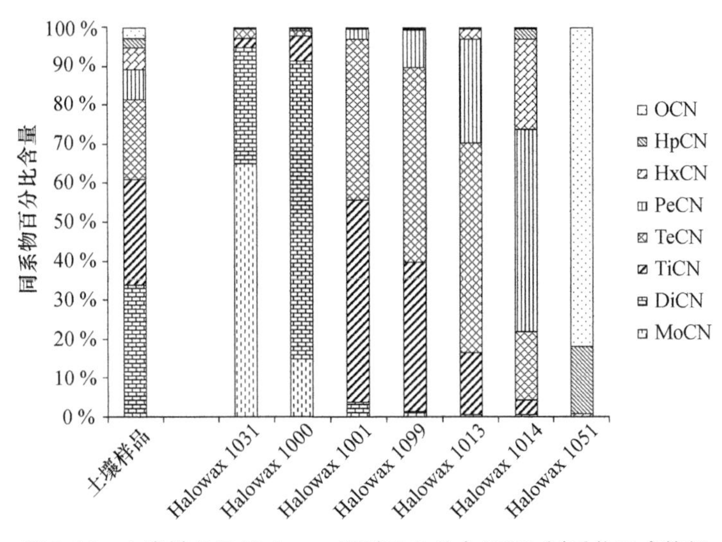

图 3.12　土壤样品和 Halowax 系列工业品中 PCNs 同系物组成特征

研究计算了再生铜冶炼厂周边土壤中 PCNs 热相关单体的总浓度(19.2～332 pg・g^{-1})(表 3.3)(PCNs 热相关单体定义详见 1.2.3),占 PCNs 总浓度的 20%～44%(平均 29%),明显大于其在 Halowax 系列工业品(0.43%～7.9%,平均 4.6%)和背景样品(7.7%)中的占比。同时,除样品 S11 外,再生铜冶炼厂附近的土壤样品 S4～S6 中 PCNs 热相关单体的占比(32%～44%)大于其他样品(20%～29%)。进一步分析发现,样品 S4～S6 中绝大部分 PCNs 热相关单体(CN-17/25/26、CN-18、CN-27/30、CN-29、CN-39、CN-48/35、CN-50、CN-51、CN-52、CN-54、CN-66/67 和 CN-73)的贡献率均大于其他样品和背景点(图 3.13)。此外,随与再生铜冶炼厂距离的增加,土壤样品中 PCNs 热相关单体的总浓度总体上呈现出下降的趋势[图 3.10(b)]。与 PCDD/Fs 一样,PCNs 热相关单体的浓度在 300 m 内呈指数型下降,1000 m 后土壤样品中的浓度基本处于同一水平。综上所述,周边土壤中 PCNs 受热排放源的影响较大,再生铜冶炼厂对其周边 300 m 内土壤中 PCNs 含量与单体分布特征的影响更为显著。

(3)PCBs

再生铜冶炼厂周边土壤中 PCB 的主要贡献单体为 CB-118(19%～42%),其次为 CB-77(13%～27%)和 CB-105(13%～22%)。这些单体对 12 种 dl-PCBs 总浓度的贡献率达到 49%～80%。在许多工业热过程中,CB-118、CB-77 和 CB-105 被报道也是 dl-PCB 最主要的排放单体(Nie et al.,2012;Lv et al.,2011;Antunes et al.,2012;Liu et al.,2009)。同时,在 PCBs 系列工业品中,CB-118、CB-77 和 CB-105 对其 dl-PCBs 含量的贡献率也相对较高(Takasuga et al.,2006;降巧龙等,2007)。在我国,多氯联苯工业品曾作为变压器绝缘油被大量使用。研究区域存在工业热排放源再生铜冶炼厂,多氯联苯工业品也可能以变压器绝缘油等形式在研究区域被使用过。本次只测定了 12 种 dl-PCBs 单体,不足以解析土壤中 PCBs 的具体来源。

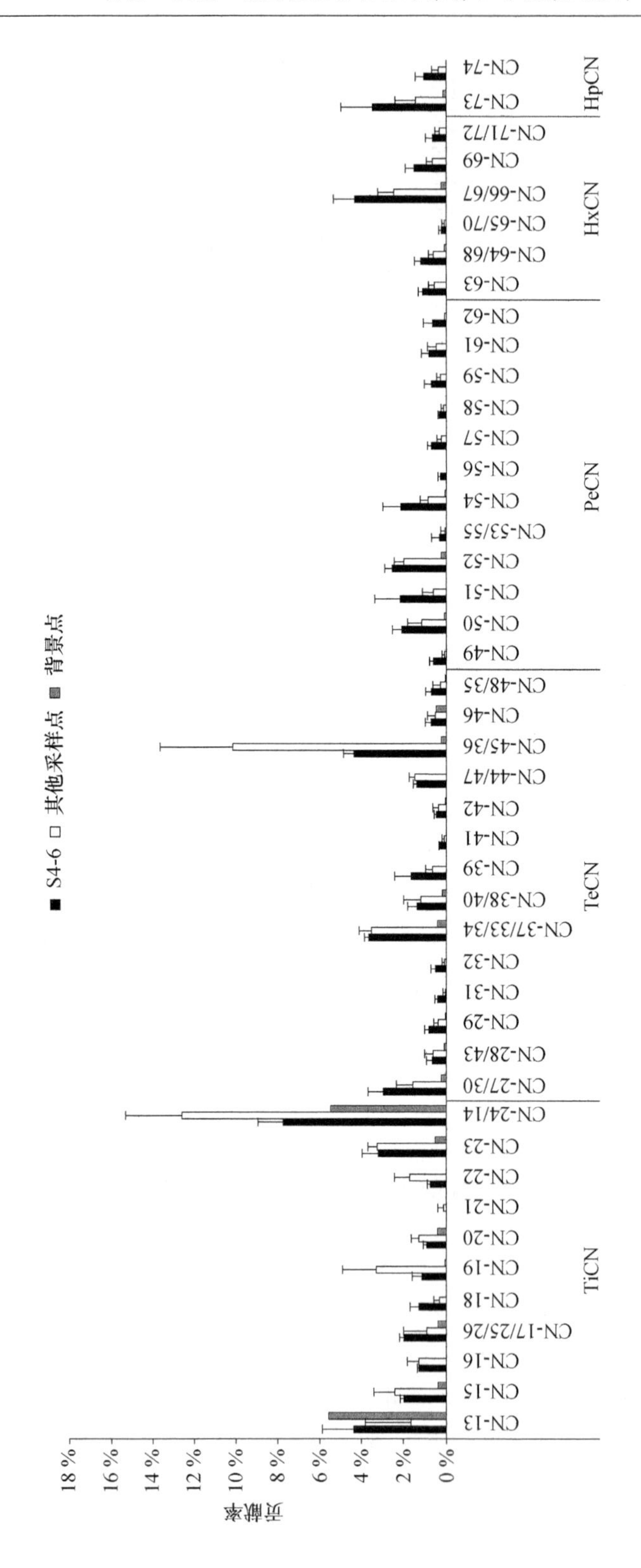

图3.13 土壤样品中三氯至七氯萘单体组成特征

3.2.4　再生铜冶炼厂周边土壤中 PCDD/Fs、PCBs 和 PCNs 风险评估

再生铜冶炼厂周边土壤中 PCDD/Fs、PCBs 和 PCNs 毒性当量总浓度范围为 0.43～10.2 pg・g^{-1}(平均值为 2.04 pg・g^{-1},中值为 1.11 pg・g^{-1}),其中 PCDD/Fs 是毒性当量总浓度(PCDD/Fs ＋ PCBs ＋ PCNs)最主要的贡献化合物(＞90%)。在所有土壤样品中,样品 S5 中 PCDD/Fs、PCBs 和 PCNs 毒性当量总浓度(10.2 pg・g^{-1})超过加拿大土壤质量导则中二噁英类化合物的浓度限值(毒性当量浓度 4 pg・g^{-1}),样品 S4(3.31 pg・g^{-1})接近该限值。所以,有必要对再生铜冶炼厂周边土壤中 PCDD/Fs、PCBs 和 PCNs 对室外工人的暴露风险进行评估。

研究基于再生铜冶炼厂周边土壤中 PCDD/Fs、PCBs 和 PCNs 的毒性当量浓度,按照公式(1.1)～(1.8)和公式(1.9)～(1.12)分别评估了室外工人暴露土壤中这些污染物的致癌和非致癌风险。室外工人非致癌风险值范围为 0.001～0.014,远小于基准值 1,表明室外工人非致癌风险较小。室外工人致癌风险值范围为 0.02×10^{-6}～0.47×10^{-6},也均低于风险阈值 10^{-6}。值得注意的是,以上评估只考虑室外工人工作时间内通过皮肤接触、经口摄入和呼吸吸入途径暴露土壤中 PCDD/Fs、PCBs 和 PCNs 的风险,采自再生铜冶炼厂附近的土壤样品 S5 和 S4 的致癌风险值就已达到 0.47×10^{-6} 和 0.15×10^{-6}。所以,室外工人暴露土壤中 PCDD/Fs、PCBs 和 PCNs 的致癌风险总体处于可接受水平,但是部分样品致癌风险需要关注。对于三类污染物,经口摄入都是室外工人致癌风险最主要的暴露途径,其次是皮肤接触,最后是呼吸吸入(图 3.14(a))。在各土壤样品中,PCDD/Fs 对总致癌风险(PCDD/Fs ＋ PCBs ＋ PCNs)的贡献率最高(96%),其次为 PCNs(2.2%),最低为 PCBs(1.8%)(图 3.14(b))。所以,PCDD/Fs 是研究区域需首要关注和控制的二噁英类污染物。

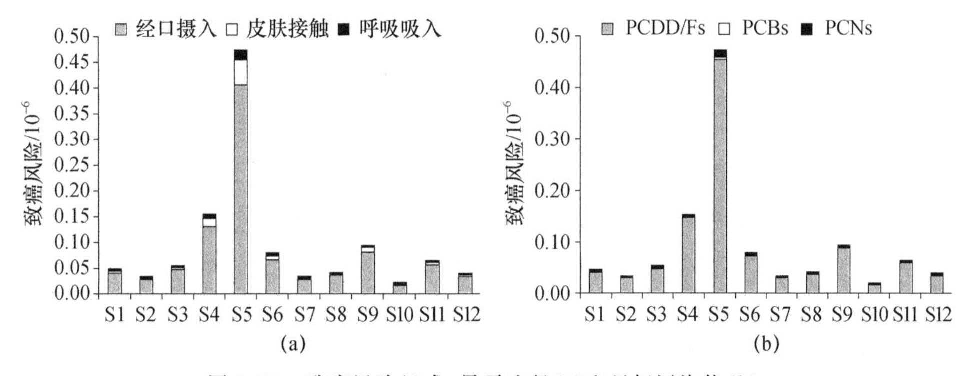

图 3.14　致癌风险组成:暴露途径(a)和目标污染物(b)

3.2.5　小结

(1)报道了一典型再生铜冶炼厂周边土壤中 PCDD/Fs、PCBs 和 PCNs 的污染水平

与特征。虽然采样时该再生铜冶炼厂仅运行6年，其周边土壤中PCDD/Fs、PCBs和PCNs的污染水平与其他工业热排放源或工业区相比，仍处于中等水平。PCDD/Fs对毒性当量总浓度（PCDD/Fs + PCBs + PCNs）贡献率最高（>90%）。

（2）源解析结果表明，再生铜冶炼厂对其周边300 m内土壤中PCDD/Fs和PCNs的含量与单体组成特征影响显著。此外，除再生铜冶炼厂外，周边土壤中PCDD/Fs可能还受到历史使用五氯酚或五氯酚钠残留的影响。

（3）健康风险评估结果显示，室外工人暴露于土壤中PCDD/Fs、PCBs和PCNs的致癌和非致癌风险均在可接受范围内。但是，只考虑室外工人工作时间段内暴露于土壤样品中PCDD/Fs、PCBs和PCNs的风险，两份土壤样品中的总致癌风险就已达到0.47×10^{-6}和0.15×10^{-6}，应该引起我们的重视。经口摄入是致癌风险最主要的暴露途径，PCDD/Fs对总致癌风险（PCDD/Fs + PCBs + PCNs）的贡献率最高（96%）。

3.3 典型再生铜冶炼厂周边大气中二噁英类化合物的粒径分布特征与健康风险评估

自20世纪70年代以来，我国的再生铜冶炼工业得到了迅速发展。Ba等（2009）研究发现，我国某典型再生铜冶炼厂的PCDD/Fs排放量（14.8 $\mu g\cdot TEQ\cdot t^{-1}$）超过了再生铝冶炼厂（2.7 $\mu g\cdot TEQ\cdot t^{-1}$）的五倍；Yang等（2020）在对从我国三个再生铜冶炼厂、两个再生锌冶炼厂和两个再生铅冶炼收集的25份烟道气样品的研究中也表明，再生铜冶炼厂对PCDD/Fs的排放量达2.7 ng I-TEQ·Nm^{-3}，远高于其他再生金属冶炼。作为最大的PCDD/Fs排放源之一（Li et al.，2019），再生铜冶炼工业受到学者们越来越多的关注，但目前已开展的研究大多集中于再生铜冶炼厂烟道气中PCDD/Fs、PCBs、PCNs的浓度和同系物特征，以及冶炼原料和各冶炼阶段对三种物质生成过程的影响（Kannan et al.，1998；Ba et al.，2009；Hu et al.，2013c）。二噁英类化合物从再生铜冶炼厂排出后可能因其高毒性和持久性对周边环境造成污染，并通过食物链累积放大作用对暴露人群健康和生态环境构成威胁。Yang等（2017）研究表明，处于再生铜冶炼厂下风向的工人和居民对大气中三种二噁英类化合物的呼吸暴露剂量是上风向人群的两倍，致癌风险超过高风险阈值（10^{-4}），达到2.4×10^{-4}。因此，再生铜冶炼厂周边大气环境中PCDD/Fs、PCBs、PCNs环境质量同样值得我们关注。

颗粒物是大气传播的重要媒介，粒径大小及其组成与环境和人类健康水平息息相关（Englert，2004；Walgraeve et al.，2010）。相关研究证明粒径小于2.5 μm的颗粒物是恶劣环境质量的主要贡献者（Xu et al.，2018），90%可以深入到人体肺泡区，可能引起心脏病、肺病甚至死亡（Englert，2004），且小粒径颗粒物具有较大的表面积和较强的吸附力，可富集PCDD/Fs、PCBs、PCNs等大部分POPs（Barbas et al.，2018；Zhu et al.，2016，2017），人类通过吸入空气中的颗粒物而被动摄入POPs已被认为是人体暴露

POPs 的主要途径之一。但目前有关再生铜冶炼厂周边大气中 PCDD/Fs、PCBs 及 PCNs 粒径分布特征的研究还很少被开展。所以为了更好地了解再生铜冶炼厂周边环境中 PCDD/Fs、PCBs 及 PCNs 的污染特征和潜在人体暴露风险，亟须开展再生铜冶炼厂周边大气颗粒物中这些污染物粒径分布特征的研究。

因此，本节采集两家典型再生铜冶炼厂周边四种不同粒径段的大气颗粒物样品，测定样品中 17 种 PCDD/Fs、12 种类二噁英 PCBs(dl-PCBs)及 75 种 PCNs 的浓度水平，分析三种二噁英化合物的同系物组成特征及粒径分布规律，并对它们的潜在健康风险进行评估。研究结果将有助于了解再生铜冶炼厂周边各粒径大气颗粒物中 PCDD/Fs、dl-PCBs 和 PCNs 污染状况，为有效地开展防治措施以降低潜在健康风险提供有效信息。

3.3.1　样品采集与分析

(1)样品采集

选取的两家再生铜冶炼厂(A、B)位于我国东部某沿海城市(YT)和内陆城市(LY)(图 3.15)，两家冶炼厂周边分布着铁路和数条公路。冶炼厂 A 使用的冶炼炉为传统阳极炉，该炉型在我国广泛用于再生铜冶炼。冶炼厂 B 使用的冶炼炉为南昌固体冶炼炉，其结合了倾动炉和回转式阳极炉的特点。冶炼厂 A 未配备烟道气污染控制装置，冶炼厂 B 设有布袋除尘器。2017 年 4 月 22—29 日，在 A、B 两家再生铜冶炼厂周边各布设了两处采样点(A1、A2、B1、B2)，采用配备了多级颗粒物切割器的 KC-6120 型大气综合采样器(青岛崂山电子仪器总厂有限公司)，以标定流量 100 L・min^{-1}采集了四组大气颗粒物样本。每组样本由 4 份粒径分别为＞10 μm、5～10 μm、2.5～5 μm、＜2.5 μm 的大气颗粒物样品组成，共计 16 份，采样信息见表 3.4。采样滤膜采用玻璃纤维滤膜，采样前在 500 ℃马弗炉中灼烧 2 h，以除去其中有机物的影响。采样前后用精度为 0.01 mg 的微量天平准确称量。采集后的样本立即装入密封袋中，带回实验室准确称重后，滤膜避光、－18 ℃冷冻保存至分析。

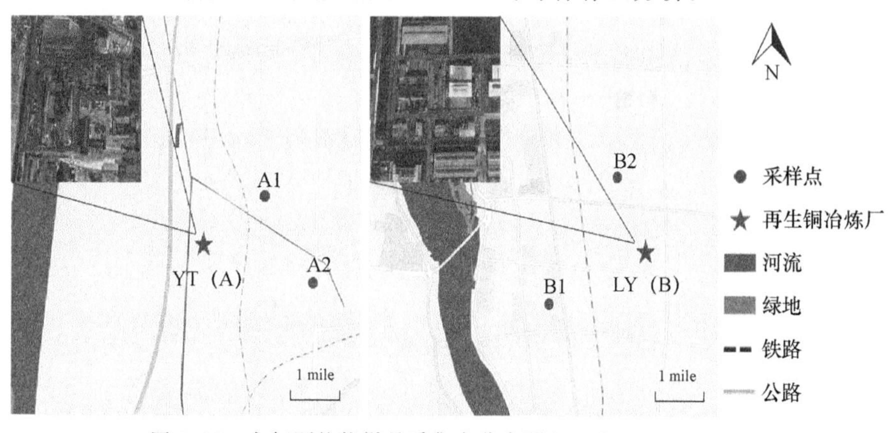

图 3.15　大气颗粒物样品采集点分布图(1 mile≈1.609 km)

表 3.4 采样信息

采样点	颗粒物粒径	采样时长	采样体积/m^3	颗粒物浓度/($\mu g \cdot m^{-3}$)
A1	<2.5 μm	2017.4.26—2017.4.29(68 h)	365.0	79.1
	2.5~5 μm			22.9
	5~10 μm			45.3
	>10 μm			68.1
A2	<2.5 μm	2017.4.26—2017.4.29(68 h)	366.0	80.7
	2.5~5 μm			26.5
	5~10 μm			32.5
	>10 μm			104.5
B1	<2.5 μm	2017.4.22—2017.4.25(64 h)	341.1	99.4
	2.5~5 μm			25.2
	5~10 μm			25.3
	>10 μm			34.0
B2	<2.5 μm	2017.4.22—2017.4.25(60 h)	334.2	82.1
	2.5~5 μm			12.1
	5~10 μm			29.6
	>10 μm			40.7

(2)样品预处理和分析

大气颗粒物样品加入$^{13}C_{12}$-PCDD/Fs、$^{13}C_{12}$-PCBs 和$^{13}C_{10}$-PCNs 内标，运用加速溶剂萃取法提取，提取溶剂为正己烷：二氯甲烷(1：1)，提取温度 100 ℃，压力 1500 psi，静态提取 5 min，反复提取两次。样品净化和测定方法详见本书 2.2。

(3)质量保证与质量控制

目标化合物定量采用同位素稀释法，样品中$^{13}C_{12}$-PCDD/Fs、$^{13}C_{12}$-PCBs、$^{13}C_{10}$-PCNs 内标的回收率分别为 47%~128%、69%~103%和 42%~121%，满足定量分析要求，表明实验方法有效可行。三种物质的检出限分别为 0.01~0.10、0.03~0.07 和 0.003~0.020 pg・m^{-3}。定性定量离子比率与理论值相符，偏差小于±15%。每批样品中都包括一个加标空白样品，虽然在部分空白样品中发现了一些低氯代 PCNs，但含量低于样品含量的 5%，因此，未采用空白样品中的浓度值对样品浓度进行矫正。

(4)健康风险评估

两家再生铜冶炼厂周边居民经呼吸直接暴露于富含二噁英类化合物的大气颗粒物中。本节采用本书 1.5.2 所述方法评估了周边居民暴露大气颗粒物中二噁英类化合物的健康风险。

3.3.2　大气颗粒物浓度

采集的四组大气颗粒物样品浓度如图 3.16 所示。各采样点颗粒物总浓度分别为 215.5、244.2、183.9 及 164.5 μg・m^{-3}。其中含量占比最高的是粒径小于 2.5 μm 的颗粒物(37%～54%)，浓度范围为 79.1～99.4 μg・m^{-3}，平均浓度为 89.8 μg・m^{-3}，均超过了国家二级空气质量标准(75 μg・m^{-3})(GB 3095—2012)。依据中国现行的《环境空气质量指数技术规定》，属于轻度污染水平(HJ 633.2012)。其次为粒径大于 10 μm 的粗颗粒物，含量占比为 18%～35%。在本研究大气颗粒物样品中，粒径小于 2.5 μm 的颗粒物浓度平均值超过了于 2016 年 4 月监测得到的我国 338 个城市平均浓度水平(40.01 μg・m^{-3})的一倍(Ye et al.，2018)，且仅粒径小于 2.5 μm 的颗粒物浓度即已超过了我国宁波(28.0 μg・m^{-3})、武汉(58.7 μg・m^{-3})和南京(63.4 μg・m^{-3})工业区周边大气中粒径小于 9 μm 的大气颗粒物的总浓度(Yang et al.，2019)。此外，依据 Yao 等(2019)的研究报道，春季山东省城区大气中粒径小于 10 μm 的颗粒物平均浓度为 134.3 μg・m^{-3}，粒径小于 2.5 μm 的颗粒物平均浓度为 67.6 μg・m^{-3}。本研究中，A、B 两家再生铜冶炼厂周边大气中粒径小于 10 μm 和粒径小于 2.5 μm 的颗粒物浓度水平均高于上述报道的山东省城区水平。所以，再生铜冶炼厂 A 和 B 周边大气颗粒物的污染水平和特征值得关注。

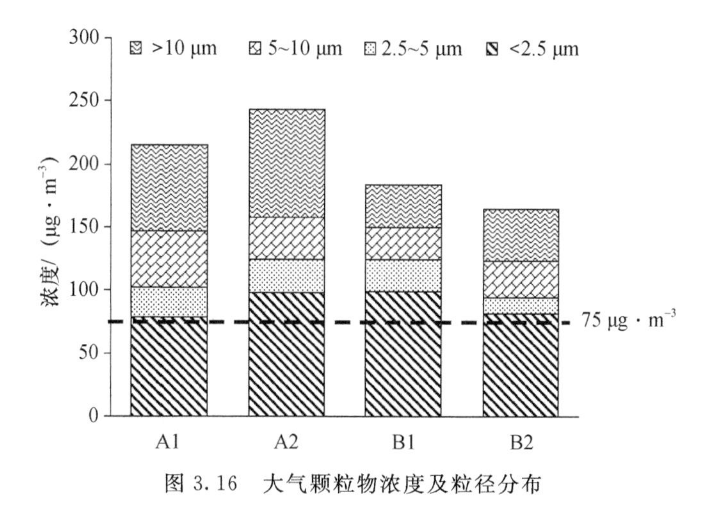

图 3.16　大气颗粒物浓度及粒径分布

3.3.3　二噁英类化合物浓度与粒径分布特征

不同粒径段颗粒物样品中，17 种 PCDD/Fs、12 种 dl-PCBs 和 75 种 PCNs 的浓度水平见表 3.5。不同采样点各粒径段颗粒物中三种物质的总浓度水平范围分别为 3.13～5.77、0.43～0.56、4.76～9.89 pg・m^{-3}，平均值依次为 3.80、4.93、6.95 pg・m^{-3}。本节测得的 PCDD/Fs 和 dl-PCBs 高于我国东北部某钢铁厂区大气(PCDD/Fs:

1.35 pg·m^{-3}；dl-PCBs：4.14 pg·m^{-3}）（李沐霏等，2014）和上海市工业区大气（PCDD/Fs：0.88～2.30 pg·m^{-3}；dl-PCBs：2.96～4.76 pg·m^{-3}）（Die et al.，2015）中的浓度水平。PCNs的浓度水平则低于上海市工业区（16.5 pg·m^{-3}）（Die et al.，2016）和台湾省工业区四到五氯代PCNs的浓度水平（171 pg·m^{-3}）（Dat et al.，2018），且低于Xue等（2016）对北京城区及Hogarh等（2012）对包括中国、日本和韩国的东亚地区城市大气中PCNs平均水平的报道。

表3.5　大气颗粒物中二噁英类化合物的质量浓度（pg·m^{-3}）及TEQ浓度（fg·TEQ·m^{-3}）

采样点	粒径范围	PCDD/Fs	dl-PCBs	PCNs
A1	<2.5 μm	2.88	0.21	3.69
	2.5～5 μm	0.14	0.08	0.83
	5～10 μm	0.10	0.14	1.60
	>10 μm	0.04	0.07	0.95
	SUM	3.17	0.49	7.08
	ΣTEQs	126.84	1.86	3.45
A2	<2.5 μm	1.85	0.23	2.66
	2.5～5 μm	0.51	0.07	1.28
	5～10 μm	0.43	0.08	0.45
	>10 μm	0.34	0.05	0.37
	SUM	3.13	0.43	4.76
	ΣTEQs	124.59	4.49	2.66
B1	<2.5 μm	4.96	0.18	3.01
	2.5～5 μm	0.48	0.07	0.49
	5～10 μm	0.22	0.13	0.79
	>10 μm	0.10	0.11	1.77
	SUM	5.77	0.49	6.07
	ΣTEQs	187.27	4.96	3.60
B2	<2.5 μm	2.01	0.09	4.80
	2.5～5 μm	0.59	0.17	2.06
	5～10 μm	0.27	0.17	2.36
	>10 μm	0.26	0.14	0.67
	SUM	3.13	0.56	9.89
	ΣTEQs	105.98	2.33	3.13

注：①SUM为四个粒径段颗粒物中二噁英类化合物的总浓度；②ΣTEQs为四个粒径段颗粒物中二噁英类化合物的TEQ总浓度。

图 3.17 显示了 PCDD/Fs、dl-PCBs 和 PCNs 在各粒径段颗粒物中的浓度分布特征。在各粒径段颗粒物中，粒径小于 2.5 μm 颗粒物中 PCDD/Fs 和 PCNs 的含量明显高于其在其他各粒径段颗粒物中的含量。粒径小于 2.5 μm 颗粒物中 PCDD/Fs 和 PCNs 的含量占其在总悬浮颗粒物中含量的 75%和 52%。两物质在四个采样点的均值表现出富集浓度随颗粒物粒径减小而增加的趋势，与 Barbas 等(2018)对 PCDD/Fs 以及 Zhu 等(2016)对 PCNs 的研究结果一致。在 A1、B2、B1 样品中，dl-PCBs 主要分布在粒径小于 2.5 μm 和粒径为 5～10 μm 的颗粒物上，占总浓度水平的 37%和 25%；而在 A2 样品中，dl-PCBs 更多地分布在粒径大于 2.5 μm 的颗粒物中(85%)。当 dl-PCBs 更多分布在粗颗粒中时，它更可能来源于交通源(Degrendele et al.，2014)。A2 紧邻交通密集的主干道，且东部和南部由铁路围绕，采样期间可能在东南季风作用下受到了南部铁路及城市交通运输的影响(图 3.15)。以上结果表明，PCDD/Fs、dl-PCBs 和 PCNs 都更倾向富集在粒径小于 2.5 μm 的颗粒物中。相比于 PCDD/Fs，dl-PCBs 和 PCNs 在粒径大于 2.5 μm 颗粒物中的含量占比更高。相关研究表明，不同氯取代 PCDD/Fs、dl-PCBs 和 PCNs 同系物在颗粒物中的粒径分布特征存在差异(Zhu et al.，2017；Barbas et al.，2018；Shih et al.，2009)。所以，进一步将对再生铜冶炼厂周边大气颗粒物中 PCDD/Fs、dl-PCBs 和 PCNs 同系物的粒径分布特征进行分析。

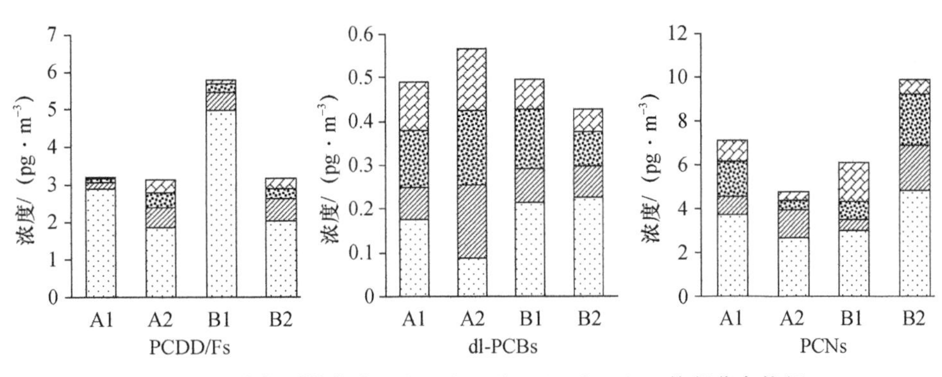

图 3.17　大气颗粒物中 PCDD/Fs、dl-PCBs 和 PCNs 粒径分布特征

3.3.4　大气颗粒物中二噁英类化合物的同类物组成特征

A、B 两再生铜冶炼厂周边大气颗粒物样品中 PCDD/Fs、PCNs 同系物及 dl-PCBs 单体的组成和粒径分布特征如图 3.18 所示。两区域间 PCDD/Fs 的同系物分布特征相似，PCDFs 的主要同系物 HeptaPCDF 占 PCDFs 总量的 35%和 42%，其次为占比 30%和 26%的 OctaPCDF；PCDDs 的主要同系物 OctaPCDD 占 PCDDs 总量的 48%和 44%，其次为占比 38%和 43%的 HeptaPCDD。PCDD/Fs 主要贡献单体 1,2,3,4,6,7,8-HpCDF、OctaPCDF、1,2,3,4,6,7,8-HpCDD 及 OctaPCDD 对 PC-

DD/Fs 的总贡献率达 67%和 74%。有关 PCDD/Fs 在城市及乡村大气颗粒物中粒径分布特征的研究曾表明，低氯化 PCDD/Fs 倾向分布于大粒径颗粒物，高氯化 PCDD/Fs 则相反（Kaupp et al.，2000；Oh et al.，2002）。而 PCDD/Fs 各氯代同系物都主要富集在粒径小于 2.5 μm 的颗粒物上，与捷克工业城布尔诺（Degrendele et al.，2014）的颗粒物样品一致。此外，PCDD/Fs 的高贡献率同系物与鞍山钢铁厂（Li et al.，2010）周边大气颗粒物中的研究结果相同。不仅如此，从 PCDD/Fs 各单体占比分布上发现，所有样品中 PCDFs 的含量占比均高于 PCDDs，符合再生铜冶炼厂排放 PCDFs/PCDDs>1 的特征（Ba et al.，2009）。相关研究曾报道 A、B 两再生铜冶炼厂烟道气中 PCDD/Fs 的单体组成特征（Hu et al.，2013a；Li et al.，2019）。本节将 A、B 再生铜厂周边大气中各粒径段颗粒物中 PCDD/Fs 的单体分布特征分与其在烟道气中的分布进行了对比（图 3.19）。结果发现，两工厂各粒径大气颗粒物样品与其烟道气样品中 PCDD/Fs 单体占比趋势相符，HexaPCDFs 及 1,2,3,4,6,7,8-HpCDF、OCDF、1,2,3,4,6,7,8-HpCDD、OCDD 对 PCDD/Fs 都具有相对较高的贡献值。以上结果表明，与城区和乡村不同，再生铜冶炼厂周边大气各粒径段颗粒物中 PCDD/Fs 的单体分布特征受工业生产环境影响显著。

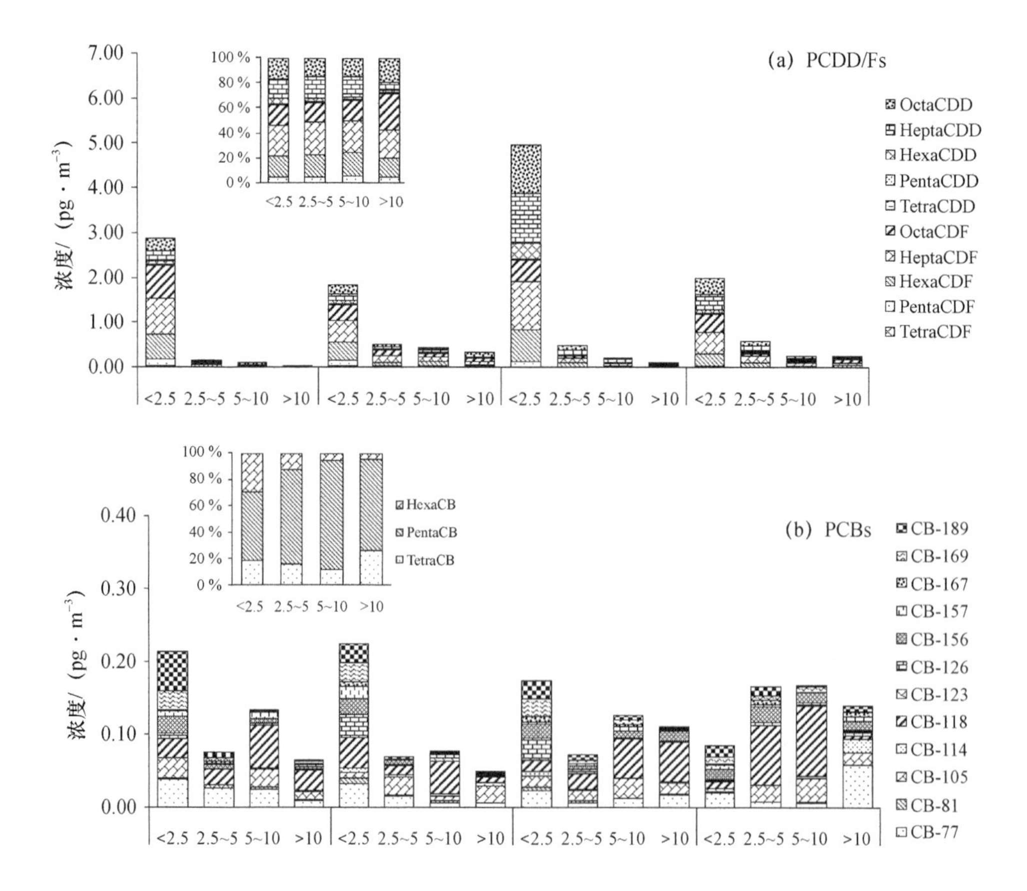

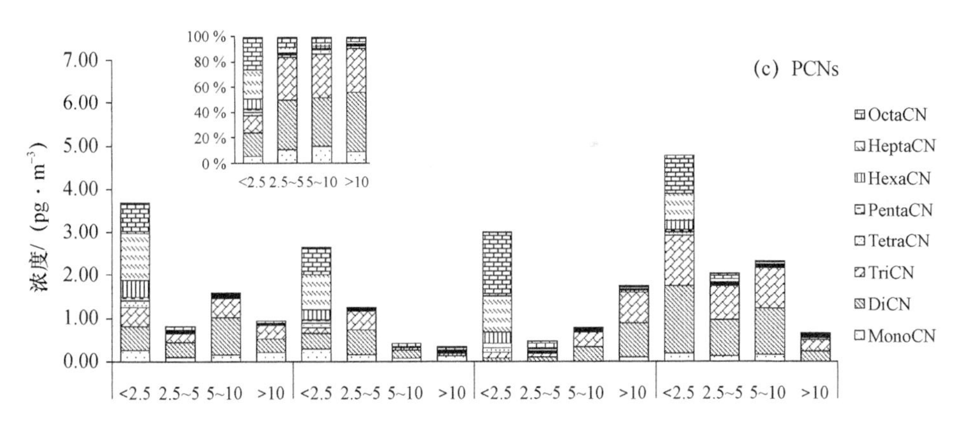

图 3.18　大气颗粒物中二噁英类化合物各同类物的粒径(μm)分布特征

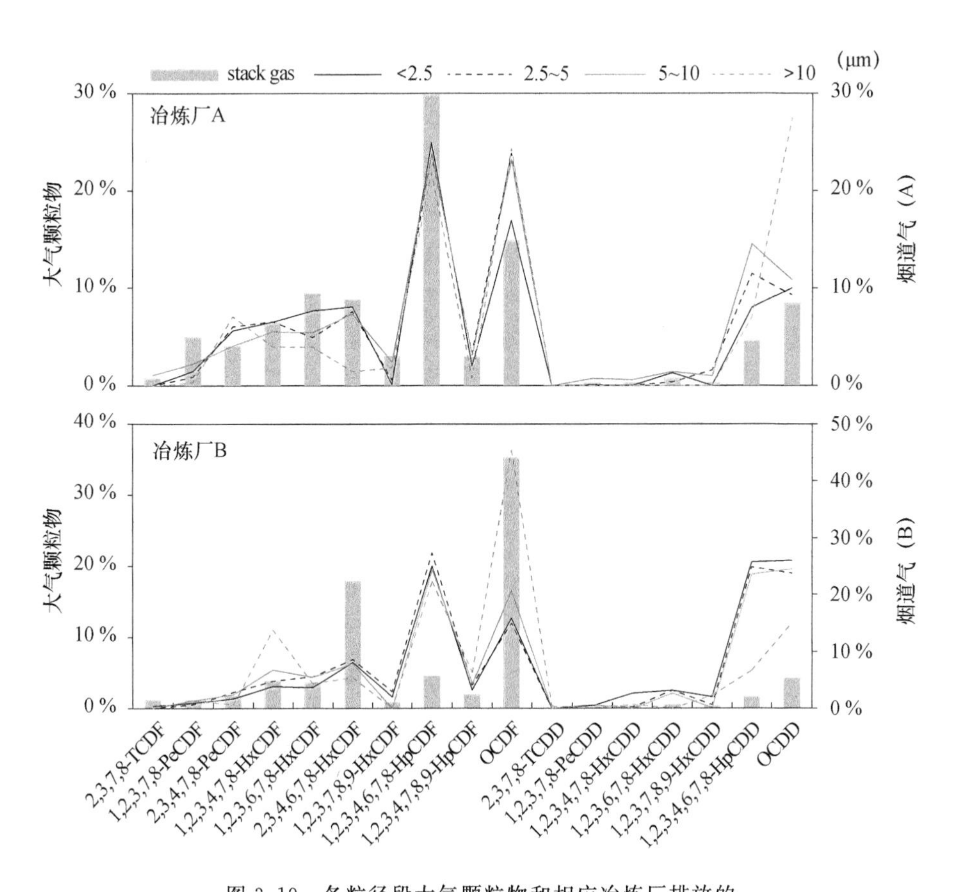

图 3.19　各粒径段大气颗粒物和相应冶炼厂排放的烟道气中 PCDD/Fs 单体分布特征

dl-PCBs在两冶炼厂周边大气颗粒物中的主要贡献单体均为CB-77、CB-105及CB-118，对总浓度平均贡献率分别为18%、16%和30%；DiPCNs(30%)和TriPCNs(24%)是对总PCNs贡献率最高的同系物，其次为占比16%和13%的OctaPCNs和HeptaPCNs。从各粒径颗粒物中dl-PCBs和PCNs的单体组成(图3.20和图3.21)可以看出，这两种二噁英类化合物的占比分布特征在粒径大于2.5 μm的三种颗粒物间较为相似，小于2.5 μm的颗粒物与它们存在不同。dl-PCBs主要贡献单体(CB-77、CB-105及CB-118)的占比之和在粒径大于2.5 μm颗粒物中达到了dl-PCBs总量的74%～81%，而在小于2.5 μm颗粒物中仅为39%、33%。Mo-TriPCNs在粒径大于2.5 μm颗粒物中占主导地位，贡献率随粒径增加依次为83%、87%、91%，其中主要贡献单体CN-24/14的占比为17%～21%。而在小于2.5 μm的颗粒物中，主要贡献单体为CN-75(A:29%;B: 30%)，高氯代CN-73、CN-74和CN-75的占比之和达到了PCNs总量的51%和49%。这些结果表明，不同于PCDD/Fs在各粒径段颗粒物中的单体组成特征都较相似，高氯代dl-PCBs和PCNs在粒径小于2.5 μm颗粒物中的富集量明显高于其他粒径段颗粒物。可能原因是PCDD/Fs的蒸汽压低于dl-PCBs和PCNs(Mader et al.，2003；Helm et al.，2005)，能够较为稳定地富集在颗粒物中。而dl-PCBs和PCNs则更多分布在气相中，且单体的气/粒分配会因分子量的不同而改变(Harner et al.，1998；Dat et al.，2018)。当粒径小于2.5 μm的颗粒物提供了相比其他粒径段颗粒物更大的表面积和更好的吸附性能时，蒸汽压相对较低的高氯代PCBs、PCNs能够比低氯代同系物表现出更为突出的富集倾向。

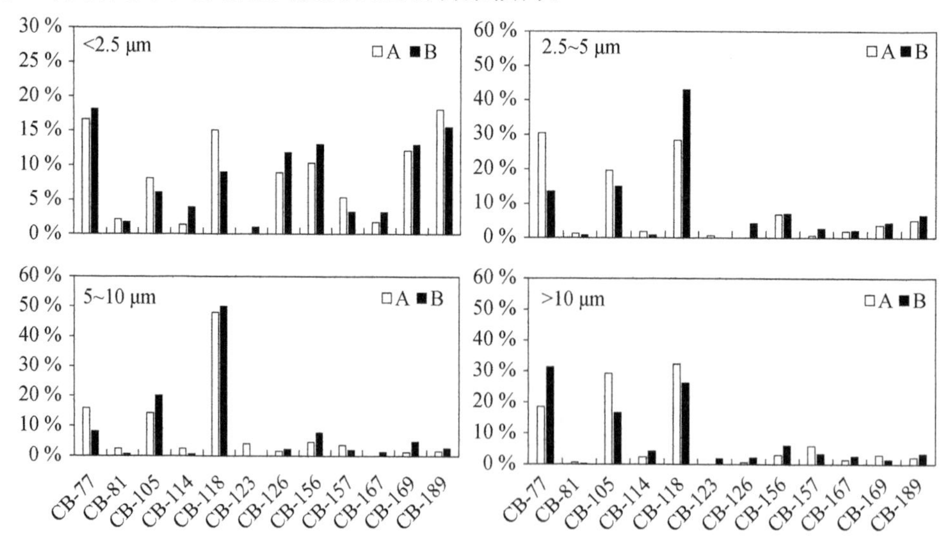

图3.20　再生铜冶炼厂(A和B)周边各粒径大气颗粒物中PCBs单体组成占比

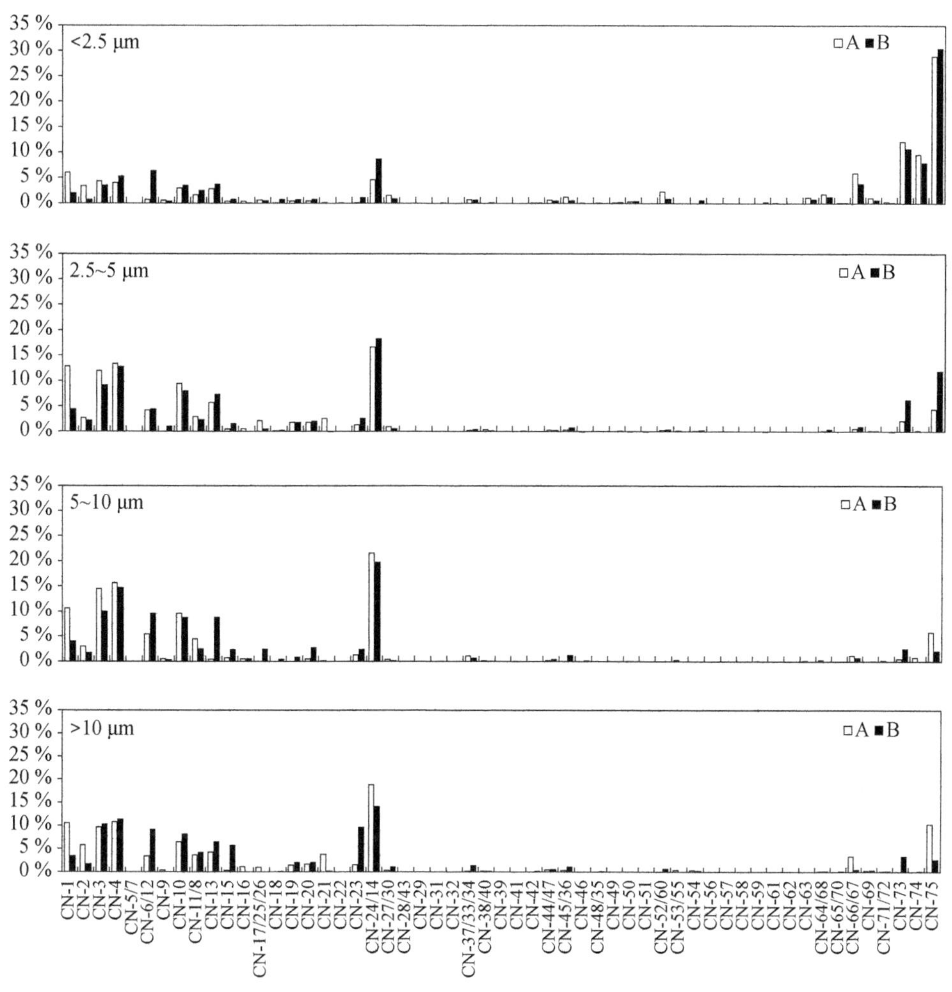

图 3.21　再生铜冶炼厂(A 和 B)周边各粒径大气颗粒物中 PCNs 单体组成占比

3.3.5　健康风险评估

经计算，A、B 两再生铜冶炼厂周边大气颗粒物中 PCDD/Fs、dl-PCBs 和 PCNs 的致癌风险相近，平均值分别为 2.24×10^{-6}、5.63×10^{-8} 和 5.30×10^{-8}，三种物质总致癌风险达 2.36×10^{-6}。一些研究通过计算慢性日均呼吸暴露剂量来评估人体健康风险(Li et al., 2008, 2011)，同时还有研究通过将大气中二噁英类化合物的 TEQ 浓度乘以 2,3,7,8-TCDD 的单位吸入风险值[38 $(\mu g \cdot m^{-3})^{-1}$]来评估人体健康风险(Ho et al., 2016; Yang et al., 2017)。本节运用上述研究使用的健康风险评价方法评估了再生铜冶炼厂周边大气颗粒物的健康风险，并与之进行了对比(表 3.6)。从表 3.6 中可发现，本节再生铜冶炼厂周边居民暴露当地大气颗粒物中 PCDD/Fs 的健康风险与我国台北和上海相当(Li et al., 2008; Ho et al., 2016),但是低于广州(Li et al., 2011);三种二噁英类化合物的总健康风险低于我国三类金属冶炼厂周边大气样品的研究结果(Yang et al., 2017)。依据 US EPA 推荐,当致癌风险小于等于 10^{-6}时认为该健康风险可以接受,$10^{-6}\sim10^{-4}$时认为构成潜在癌症风险。本节估算的 PCDD/Fs、dl-PCBs 和 PCNs 总致癌风险超过了致癌风险阈值(10^{-6}),所以两区域内大气颗粒物中这些污染物对周边人群可能造成的健康风险值得重视。

表 3.6　大气颗粒物中二噁英类化合物人体健康风险与之前研究的对比

	慢性日均呼吸暴露剂量 ($pg \cdot I\text{-}TEQ \cdot kg^{-1} \cdot d^{-1}$)	致癌风险	文献
中国上海[a]	0.031～0.106	—[c]	Li et al.,2008
中国台北[a]	—[c]	1.1×10^{-6}	Ho et al.,2016
中国广州[a]	0.0144～0.2000	—[c]	Li et al.,2011
铁矿石烧结厂[b]	0.085	1.5×10^{-5}	Yang et al.,2017
再生铝冶炼厂[b]	0.213	3.8×10^{-5}	Yang et al.,2017
再生铜冶炼厂[b]	1.331	2.4×10^{-4}	Yang et al.,2017
再生铜冶炼厂[b]	0.036[d]	(5.43×10^{-6})[e]	本节

注:[a]目标化合物为 PCDD/Fs;[b]目标化合物包括 PCDD/Fs、PCBs 和 PCNs;[c]文献未报道;[d]运用 Ho 等(2016)和 Yang 等(2017)报道的方法计算慢性日均呼吸暴露剂量;[e]运用 Li 等(2008,2011)报道的方法计算致癌风险。

如图 3.22 所示,A、B 两再生铜冶炼厂周边 PCDD/Fs、dl-PCBs 和 PCNs 对人群造成的健康风险主要来自粒径小于 2.5 μm 的颗粒物,其可在大气中长时间停留、远距离输送并通过呼吸道进入人体产生健康危害。粒径小于 2.5 μm 颗粒物中的 PCDD/Fs、dl-PCBs 和 PCNs 对各自总致癌风险的平均贡献率分别为 78%、71% 和 86%,明显高于其他粒径段样品,而粒径大于 10 μm 颗粒物中的致癌风险贡献值仅为 3%～5%。此外,dl-PCBs 和 PCNs 对总致癌风险(PCDD/Fs + dl-PCBs + PCNs)贡献率之和仅为 4.7%,PCDD/Fs 在四个粒径段颗粒物中的致癌风险贡献率都在 95%以上。所以,三类二噁英类化合物中 PCDD/Fs 是需要优先控制的污染物。由于周边大气颗粒物中 PCDD/Fs 的污染主要受再生铜冶炼厂排放的影响,控制 PCDD/Fs 排放进而降低粒径小于 2.5 μm 颗粒物中 PCDD/Fs 的浓度是减小两再生铜冶炼厂周边潜在健康风险的有效途径。

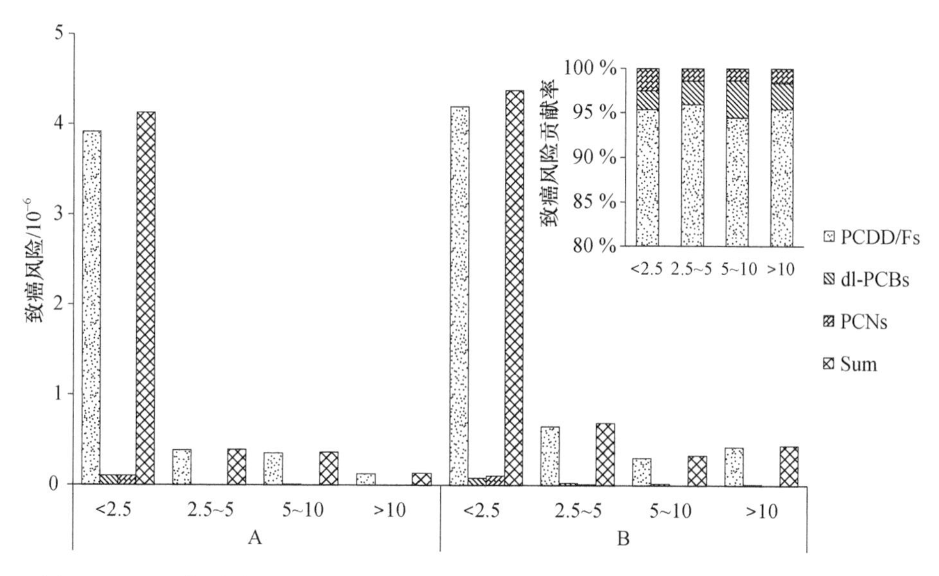

图 3.22　再生铜冶炼厂大气颗粒物中二噁英类化合物致癌风险的粒径(μm)分布特征
(Surn 为三种化合物的总致癌风险)

3.3.6　小结

本节探究了我国东部地区两家再生铜冶炼厂周边大气颗粒物中 PCDD/Fs、dl-PCBs、PCNs 的浓度水平和粒径分布特征，并对三类化合物造成的潜在健康风险进行了评估。两区域大气颗粒物受 PCDD/Fs、dl-PCBs 和 PCNs 污染的特征相似。三种二噁英类化合物都主要富集在粒径小于 2.5 μm 的颗粒物中，其中 PCDD/Fs 的富集倾向最为显著。PCDD/Fs 在各粒径段颗粒物中的单体分布特征相似，且与当地再生铜冶炼厂烟道气中 PCDD/Fs 单体组成特征一致。dl-PCBs 和 PCNs 在粒径小于 2.5 μm 颗粒物中的单体分布特征与其他粒径段颗粒物间存在差异，高氯代单体的贡献率明显高于粒径大于 2.5 μm 的颗粒物。人体暴露风险评估结果显示，三类污染物的总致癌风险超过阈值，其中 PCDD/Fs 的贡献率超过 95%。因此，PCDD/Fs 是再生铜冶炼厂周边亟须优先控制的持久性有机污染物。

参考文献

包志成，王克欧，康君行，等，1995. 五氯酚及其钠盐中氯代二噁英类分析[J]. 环境化学，14(4)：317-321.

陈学斌，刘文霞，廖晓，等，2016. 典型钢铁厂周边土壤中多氯联苯分布特征研究[J]. 环境科学学报，36(9)：3333-3338.

丁香兰，包志成，张尊，等，1990. 工业品五氯酚和五氯酚钠中的 PCDDs 和 PCDFs[J]. 环境化学(6)：33-38.

郭丽，巴特，郑明辉，2009. 多氯萘的研究[J]. 化学进展，21(213)：377-388.

蒋可，陈荣莉，徐晓白，等，1990. 五氯酚工业品中剧毒副产物 PCDDs 的鉴定[J]. 中国环境监测，6(2)：24-27.

李沐霏，刘劲松，周欣，等，2014. 杭州市冬季大气气溶胶 $PM_{2.5}$ 中二噁英和多氯联苯的污染特征[J]. 色谱，32(9)：948-954.

廖晓，肖滋成，伍平凡，2015. 典型烧结厂周边土壤多氯联苯的环境污染特征[J]. 环境化学，34(12)：2191-2197.

降巧龙，周海燕，徐殿斗，等，2007. 国产变压器油中多氯联苯及其异构体分布特征[J]. 中国环境科学，27(5)：608-612.

薛令楠，张琳利，张利飞，等，2017. 苏南地区表层土壤中多氯萘的浓度及来源[J]. 中国环境科学，37(2)：646-653.

ANTUNES P, VIANA P, VINHAS T, et al, 2012. Emission profiles of polychlorinated dibenzodioxins, polychlorinated dibenzofurans (PCDD/Fs), dioxin-like PCBs and hexachlorobenzene (HCB) from secondary metallurgy industries in Portugal[J]. Chemosphere, 88(11): 1332-1339.

BA T, ZHENG M, ZHANG B, et al, 2010. Estimation and congener-specific characterization of polychlorinated naphthalene emissions from secondary nonferrous metallurgical facilities in China [J]. Environmental Science & Technology, 44(7): 2441-2446.

BA T, ZHENG M, ZHANG B, et al, 2009. Estimation and characterization of PCDD/Fs and dioxin-like PCBs from secondary copper and aluminum metallurgies in China[J]. Chemosphere, 75 (9): 1173-1178.

BARBAS B, DE LA TORRE A, SANZ P, et al, 2018. Gas/particle partitioning and particle size distribution of PCDD/Fs and PCBs in urban ambient air[J]. Science of the Total Environment, 624(199): 170-179.

CAPUANO F, CAVALCHI B, MARTINELLI G, et al, 2005. Environmental prospection for PCDD/PCDF, PAH, PCB and heavy metals around the incinerator power plant of Reggio Emilia town (Northern Italy) and surrounding main roads[J]. Chemosphere, 58: 1563-1569.

CETIN B, 2016. Investigation of PAHs, PCBs and PCNs in soils around a heavily industrialized area in Kocaeli, Turkey: concentrations, distributions, sources and toxicological effects[J]. Science of The Total Environment, 560-561: 160-169.

COLOMBO A, BENFENATI E, BUGATTI S G, et al, 2011. Concentrations of PCDD/PCDF in soil close to a secondary aluminum smelter[J]. Chemosphere, 85(11): 1719-1724.

COLOMBO A, BENFENATI E, MARIANI G, et al, 2009. PCDD/Fs in ambient air in north-east Italy: the role of a MSWI inside an industrial area[J]. Chemosphere, 77(9): 1224-1229.

DAT N D, CHANG K S, CHANG M B, 2018. Characteristics of atmospheric polychlorinated naphthalenes (PCNs) collected at different sites in northern Taiwan[J]. Environmental Pollution, 237: 186-195.

DEGRENDELE C, OKONSKI K, MELYMUK L, et al, 2014. Size specific distribution of the atmospheric particulate PCDD/Fs, dl-PCBs and PAHs on a seasonal scale: implications for cancer risks from inhalation[J]. Atmospheric Environment, 98: 410-416.

DIE Q, NIE Z, FANG Y, et al, 2016. Seasonal and spatial distributions of atmospheric polychlorinated naphthalenes in Shanghai, China[J]. Chemosphere, 144: 2134-2141.

DIE Q, NIE Z, LIU F, et al, 2015. Seasonal variations in atmospheric concentrations and gas-particle partitioning of PCDD/Fs and dioxin-like PCBs around industrial sites in Shanghai, China [J]. Atmospheric Environment, 119: 220-227.

DUMANOGLU Y, GAGA EO, GUNGORMUS E, et al, 2017. Spatial and seasonal variations, sources, air-soil exchange, and carcinogenic risk assessment for PAHs and PCBs in air and soil of Kutahya, Turkey, the province of thermal power plants[J]. Science of the Total Environment, 580: 920-935.

ENGLERT N, 2004. Fine particles and human health——a review of epidemiological studies[J]. Toxicology Letters, 149(1-3): 235-242.

HARNER T, BIDLEMA N T F, 1998. Measurement of octanol-air partition coefficients for polycyclic aromatic hydrocarbons and polychlorinated naphthalenes[J]. Journal of Chemical and Engineering Data, 43(1): 40-46.

HELM P A, BIDLEMAN T F, 2005. Gas-particle partitioning of polychlorinated naphthalenes and non- and mono-ortho-substituted polychlorinated biphenyls in arctic air[J]. Science of the Total Environment, 342(1-3): 161-173.

HELM P A, KANNAN K, BIDLEMAN T F, 2006. Polychlorinated naphthalenes in the Great Lakes[J]. Persistent Organic Pollutants in the Great Lakes, 5: 267-306.

HO C C, CHAN C C, CHIO C P, et al, 2016. Source apportionment of mass concentration and inhalation risk with long-term ambient PCDD/Fs measurements in an urban area[J]. Journal of Hazardous Materials, 317: 180-187.

HOGARH J N, SEIKE N, KOBARA Y, et al, 2012. Passive air monitoring of PCBs and PCNs across East Asia: a comprehensive congener evaluation for source characterization[J]. Chemosphere, 86(7): 718-726.

HU J, WU J, XU C, et al, 2019. Preliminary investigation of polychlorinated dibenzo-p-dioxin and dibenzofuran, polychlorinated naphthalene, and dioxin-like polychlorinated biphenyl concentrations in ambient air in an industrial park at the northeastern edge of the Tibet-Qinghai Plateau, China[J]. Science of the Total Environment, 648: 935-942.

HU J, ZHENG M, LIU W, et al, 2013a. Occupational exposure to polychlorinated dibenzo-p-dioxins and dibenzofurans, dioxin-like polychlorinated biphenyls, and polychlorinated naphthalenes in workplaces of secondary nonferrous metallurgical facilities in China[J]. Environmental Science & Technology, 47(14): 7773-7779.

HU J, ZHENG M, LIU W, et al, 2013b. Characterization of polychlorinated naphthalenes in stack gas emissions from waste incinerators[J]. Environmental Science and Pollution Research, 20(5): 2905-2911.

HU J, ZHENG M, NIE Z, et al, 2013c. Polychlorinated dibenzo-p-dioxin and dibenzofuran and polychlorinated biphenyl emissions from different smelting stages in secondary copper metallurgy [J]. Chemosphere, 90(1): 89-94.

HUANG J, YU G, YAMAUCHI M, et al, 2015. Congener-specific analysis of polychlorinated naphthalenes (PCNs) in the major Chinese technical PCB formulation from a stored Chinese electrical capacitor[J]. Environmental Science and Pollution Research, 22(19): 14471-14477.

KANNAN K, IMAGAWA T, BLANKENSHIP A L, et al, 1998. Isomer-Specific analysis and toxic evaluation of polychlorinated naphthalenes in soil, sediment, and biota collected near the site of a former Chlor-Alkali plant[J]. Environmental Science & Technology, 32(17): 2507-2514.

KAUPP H, MCLACHLAN M S, 2000. Distribution of polychlorinated dibenzo-P-dioxins and dibenzofurans (PCDD/Fs) and polycyclic aromatic hydrocarbons (PAHs) within the full size range of atmospheric particles[J]. Atmospheric Environment, 34(1): 73-83.

KUKUCKA P, AUDY O, KOHOUTEK J, et al, 2015. Source identification, spatio-temporal distribution and ecological risk of persistent organic pollutants in sediments from the upper Danube catchment[J]. Chemosphere, 138: 777-783.

LEE R G M, COLEMAN P, JONES J L, et al, 2005. Emission factors and importance of PCDD/Fs, PCBs, PCNs, PAHs and PM_{10} from the domestic burning of coal and wood in the UK[J]. Environmental Science & Technology, 39(6): 1436-1447.

LEE S C, HARNER T, POZO K, et al, 2007. Polychlorinated naphthalenes in the Global Atmospheric Passive Sampling (GAPS) study[J]. Environmental Science & Technology, 41(8): 2680-2687.

LI F, JIN J, GAO Y, et al, 2016. Occurrence, distribution and source apportionment of polychlorinated naphthalenes (PCNs) in sediments and soils from the Liaohe River Basin, China[J]. Environmental Pollution, 211: 226-32.

LI H, FENG H, SHENG G, et al, 2008. The PCDD/F and PBDD/F pollution in the ambient atmosphere of Shanghai, China[J]. Chemosphere, 70(4): 576-583.

LI H, LIU W, TANG C, et al, 2019. Emission profiles and formation pathways of 2,3,7,8-substituted and non-2,3,7,8-substituted polychlorinated dibenzo-p-dioxins and dibenzofurans in secondary copper smelters[J]. Science of the Total Environment, 649: 473-481.

LI H, ZHOU L, MO L, et al, 2011. Levels and congener profiles of particle-bound polybrominated dibenzo-p-dioxins/furans (PBDD/Fs) in ambient air around Guangzhou, China[J]. Bulletin of Environmental Contamination and Toxicology, 87(2): 184-189.

LI J, ZHANG Y, SUN T, et al, 2018. The health risk levels of different age groups of residents living in the vicinity of municipal solid waste incinerator posed by PCDD/Fs in atmosphere and soil[J]. Science of the Total Environment, 631-632: 81-91.

LI Y, WANG P, DING L, et al, 2010. Atmospheric distribution of polychlorinated dibenzo-p-dioxins, dibenzofurans and dioxin-like polychlorinated biphenyls around a steel plant area, Northeast China[J]. Chemosphere, 79(3): 253-258.

LIU G, CAI Z, ZHENG M, 2014. Sources of unintentionally produced polychlorinated naphthalenes[J]. Chemosphere, 94: 1-12.

LIU G, LV P, JIANG X, et al, 2015. Identification and preliminary evaluation of polychlorinated naphthalene emissions from hot dip galvanizing plants[J]. Chemosphere, 118(1): 112-116.

LIU G, ZHENG M, LIU W, et al, 2009. Atmospheric emission of PCDD/Fs, PCBs, hexachlorobenzene, and pentachlorobenzene from the coking industry[J]. Environmental Science & Technology, 43(24): 9196-9201.

LIU W, LI H, TIAN Z, et al, 2013. Spatial distribution of polychlorinated biphenyls in soil around a municipal solid waste incinerator[J]. Journal of Environmental Sciences, 25(8): 1636-1642.

LIU W, ZHANG W, LI S, et al, 2012. Concentrations and Profiles of Polychlorinated Dibenzo-p-Dioxins and Dibenzofurans in Air and Soil Samples in the Proximity of a Municipal Solid Waste Incinerator Plant[J]. Environmental Engineering Science, 29(7): 693-699.

LV P, ZHENG M, LIU G, et al, 2011. Estimation and characterization of PCDD/Fs and dioxin-like PCBs from Chinese iron foundries[J]. Chemosphere, 82(15): 759-763.

MADER B T, PANKOW J F, 2003. Vapor pressures of the polychlorinated dibenzodioxins (PCDDs) and the polychlorinated dibenzofurans (PCDFs)[J]. Atmospheric Environment, 37(22): 3103-3114.

MENG B, MA W L, LIU L Y, et al, 2016. PCDD/Fs in soil and air and their possible sources in the vicinity of municipal solid waste incinerators in northeastern China[J]. Atmospheric Pollution Research, 7(2): 355-362.

NIE Z, ZHENG M, LIU G, et al, 2012. A preliminary investigation of unintentional POP emissions from thermal wire reclamation at industrial scrap metal recycling parks in China[J]. Journal of Hazardous materials, 215-216: 259-265.

NIEUWOUDT C, QUINN L P, PIETERS R, et al, 2009. Dioxin-like chemicals in soil and sediment from residential and industrial areas in central South Africa[J]. Chemosphere, 76(6): 774-783.

NOMA Y, YAMAMOTO T, SAKAI S I, 2004. Congener-Specific Composition of Polychlorinated Naphthalenes, Coplanar PCBs, Dibenzo-p-dioxins, and Dibenzofurans in the Halowax Series[J]. Environmental Science & Technology, 38(6): 1675-1680.

ODABASI M, BAYRAM A, ELBIR T, et al, 2010. Investigation of soil concentrations of persistent organic pollutants, trace elements, and anions due to iron-Steel plant emissions in an industrial region in Turkey[J]. Water, Air, & Soil Pollution, 213(1): 375-388.

ODABASI M, DUMANOGLU Y, KARA M, et al, 2017. Polychlorinated naphthalene (PCN) emissions from scrap processing steel plants with electric-arc furnaces[J]. Science of the Total Environment, 574: 1305-1312.

OH J E, CHANG YS, KIM EJ, et al, 2002. Distribution of polychlorinated dibenzo-p-dioxins and dibenzofurans (PCDD/Fs) in different sizes of airborne particles[J]. Atmospheric Environment, 36(32): 5109-5117.

OH J E, CHOI S D, LEE S J, et al, 2006. Influence of a municipal solid waste incinerator on ambient air and soil PCDD/Fs levels[J]. Chemosphere, 64(4): 579-587.

PAN J, YANG Y, ZHU X, et al, 2013. Altitudinal distributions of PCDD/Fs, dioxin-like PCBs and PCNs in soil and yak samples from Wolong high mountain area, eastern Tibet-Qinghai Plateau, China[J]. Science of the Total Environment, 444: 102-109.

ROVIRA J, NADAL M, SCHUHMACHER M, et al, 2014. Environmental levels of PCDD/Fs and metals around a cement plant in Catalonia, Spain, before and after alternative fuel implementation, assessment of human health risks[J]. Science of the Total Environment, 485-486(1): 121-129.

SHIH T S, SHIH M, LEE WJ, et al, 2009. Particle size distributions and health-related exposures of polychlorinated dibenzo-p-dioxins and dibenzofurans (PCDD/Fs) of sinter plant workers[J]. Chemosphere, 74(11): 1463-1470.

TAKASUGA T, SENTHILKUMAR K, MATSUMURA T, et al, 2006. Isotope dilution analysis of polychlorinated biphenyls (PCBs) in transformer oil and global commercial PCB formulations by high resolution gas chromatography-high resolution mass spectrometry[J]. Chemosphere, 62 (3): 469-484.

TIAN Z, LI H, XIE H, et al, 2014a. Polychlorinated dibenzo-p-dioxins and dibenzofurans and polychlorinated biphenyls in surface soil from the Tibetan Plateau[J]. Journal of Environmental Sciences, 26(10): 2041-2047.

TIAN Z, LI H, XIE H, et al, 2014b. Concentration and distribution of PCNs in ambient soil of a municipal solid waste incinerator[J]. Science of the Total Environment, 491-492: 75-79.

USEPA, 2006. An inventory of sources and environmental releases of dioxin-like compounds in the United States for the years 1987, 1995, and 2000[R/OL]. National Center for Environmental Assessment, Office of Research and Development, U S Environmental Protection Agency, Washington, DC. www.epa.gov/ncea/pdfs/dioxin/2006/dioxin.pdf.

WALGRAEVE C, DEMEESTERE K, DEWULF J, et al, 2010. Oxygenated polycyclic aromatic hydrocarbons in atmospheric particulate matter: Molecular characterization and occurrence[J]. Atmospheric Environment, 44(15): 1831-1846.

WANG W, BAI J, ZHANG G, et al, 2019. Occurrence, sources and ecotoxicological risks of polychlorinated biphenyls (PCBs) in sediment cores from urban, rural and reclamation-affected rivers of the Pearl River Delta, China[J]. Chemosphere, 218: 359-367.

WU J, HU J, WANG S, et al, 2018. Levels, sources, and potential human health risks of PCNs, PCDD/Fs, and PCBs in an industrial area of Shandong Province, China[J]. Chemosphere, 199: 382-389.

XU X, ZHANG H, CHEN J, et al, 2018. Six sources mainly contributing to the haze episodes and health risk assessment of $PM_{2.5}$ at Beijing suburb in winter 2016[J]. Ecotoxicology and Environmental Safety, 166: 146-156.

XUE L, ZHANG L, YAN Y, et al, 2016. Concentrations and patterns of polychlorinated naphthalenes in urban air in Beijing, China[J]. Chemosphere, 162: 199-207.

YAN D, PENG Z, KARSTENSEN K H, et al, 2014. Destruction of DDT wastes in two preheater/precalciner cement kilns in China[J]. Science of the Total Environment, 476-477: 250-257.

YAN J H, XU M X, LU S Y, et al, 2008. PCDD/F concentrations of agricultural soil in the vicinity of fluidized bed incinerators of co-firing MSW with coal in Hangzhou, China[J]. Journal of

Hazard Mater, 151(2-3): 522-530.

YANG L, LIU G, ZHENG M, et al, 2017. Atmospheric occurrence and health risks of PCDD/Fs, polychlorinated biphenyls, and polychlorinated naphthalenes by air inhalation in metallurgical plants[J]. Science of the Total Environment, 580: 1146-1154.

YANG X, ZHOU X, KAN T, et al, 2019. Characterization of size resolved atmospheric particles in the vicinity of iron and steelmaking industries in China[J]. Science of the Total Environment, 694: 133534.

YANG Y, HUANG Q, TANG Z, et al, 2012. Deca-brominated diphenyl ether destruction and PBDD/F and PCDD/F emissions from coprocessing deca-BDE mixture-contaminated soils in cement kilns[J]. Environmental Science & Technology, 46(24): 13409-13416.

YANG Y, WU G, JIANG C, et al, 2020. Variations of PCDD/Fs emissions from secondary nonferrous smelting plants and towards to their source emission reduction[J]. Environmental Pollution, 260: 113946.

YAO Y, HE C, LI S, et al, 2019. Properties of particulate matter and gaseous pollutants in Shandong, China: Daily fluctuation, influencing factors, and spatiotemporal distribution[J]. Science of the Total Environment, 660(2): 384-394.

YE W F, MA Z Y, HA X Z, 2018. Spatial-temporal patterns of $PM_{2.5}$ concentrations for 338 Chinese cities[J]. Science of the Total Environment, 631-632: 524-533.

ZHANG S, PENG P, HUANG W, et al, 2009. PCDD/PCDF pollution in soils and sediments from the Pearl River Delta of China[J]. Chemosphere, 75(9): 1186-1195.

ZHOU T, BO X, QU J, et al, 2018. Characteristics of PCDD/Fs and metals in surface soil around an iron and steel plant in North China Plain[J]. Chemosphere, 216(6): 413-418.

ZHOU Z, REN Y, CHU J, et al, 2016. Occurrence and impact of polychlorinated dibenzo-p-dioxins/dibenzofurans in the air and soil around a municipal solid waste incinerator[J]. Journal of Environmental Sciences, 44: 244-251.

ZHU Q, ZHANG X, DONG S, et al, 2016. Gas and particle size distributions of polychlorinated naphthalenes in the atmosphere of Beijing, China[J]. Environmental Pollution, 212: 128-134.

ZHU Q, ZHENG M, LIU G, et al, 2017. Particle size distribution and gas-particle partitioning of polychlorinated biphenyls in the atmosphere in Beijing, China[J]. Environmental Science and Pollution Research, 24(2): 1389-1396.

第4章 典型工业区环境中二噁英类化合物的污染特征与健康风险评估

为了提高工业化的集约强度，优化功能布局，二噁英类化合物的潜在工业热排放源（如再生铜冶炼厂、钢铁冶炼厂、水泥窑等）往往聚集于同一个工业区内。除工业热源的排放，一些富含 PCBs 和 PCNs 的工业品或废物也可能存在于工业区内，并成为工业区环境中二噁英类化合物的污染源之一。所以，这些工业区环境中二噁英类化合物污染特征更为复杂，为解析其具体来源增加了难度。精确解析这些有毒有害化合物的具体来源是有效防治工业区环境中二噁英类化合物污染的前提条件。本章选取我国东西部地区典型工业区为例，分析工业区环境中二噁英类化合物的浓度与分布特征，运用主成分分析法、正交矩阵分解模型等方法解析工业区环境中二噁英类化合物的来源与贡献。此外，评估工业区工人及周边居民暴露环境中的二噁英类化合物的健康风险。

4.1 东部典型综合工业区土壤中二噁英类化合物的污染特征及人体暴露风险评估

4.1.1 样品采集与分析

（1）样品采集

本节选取我国东部沿海某城市的1家综合工业区进行研究。该工业区占地面积约22 km^2，其中遍布各类工业生产企业，主要包括再生铜冶炼厂、氯碱厂、聚酯生产厂，还有1家热电厂坐落在周边居民区中，它们可能是二噁英类化合物的潜在排放源。除此之外，研究区域内污染物的分布还可能受多条交通密度较高的公路以及盛行风向等因素的影响。

采样点主要布置在工业活动密集的区域，如图4.1所示。其中，采样点S8、S11和S14位于再生铜冶炼厂附近（<500 m），S1和S13位于热电厂附近（<500 m），S7位于聚酯厂附近（<500 m）。工业区占地面积较小，其周边分布有小区、公园等生活区域。本节还采集了工业区周边居民区中土壤样本，以研究工业源对于周边居民区土壤环境及周边居民健康的影响。2015年9月在工业区内采集了9份土壤样品，周边居民区采集了6份土壤样品，并在距离工业区45 km处的自然保护区内采集了1份背景样本（BKG）。采样时采集表层土壤（0～10 cm），每份土壤重约1 kg，密封于干净的密封袋，尽快带回实验室置于−18℃冰箱中保存至分析。

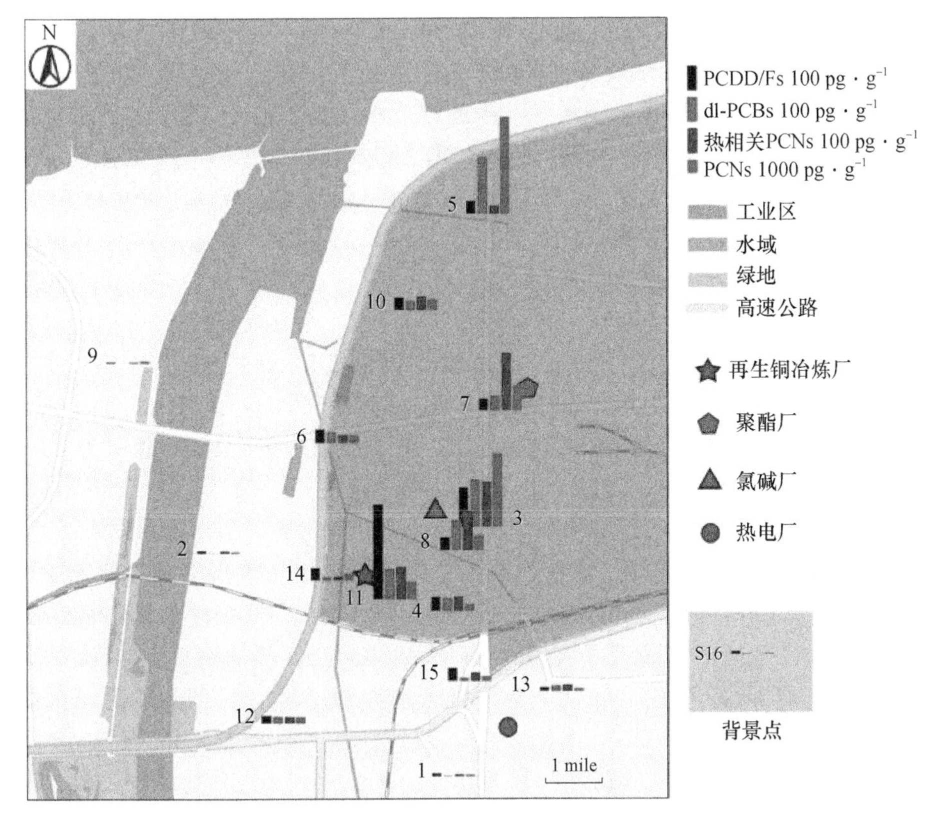

图 4.1　工业区及周边居民区土壤中二噁英类化合物的浓度分布图

（图中浓度柱状图从左至右依次为 PCDD/Fs、dl-PCBs、热相关 PCNs 和 PCNs）

（2）样品预处理和分析

土壤样品中二噁英类化合物的预处理和分析测定方法详见本书 2.2。

（3）质量保证与质量控制

各目标化合物均采用同位素稀释法和五点校准曲线进行定量分析，校准曲线中各目标物相对于内标的响应因子标准偏差均小于 15%，符合 US EPA 1613 方法的标准（20%）。PCDD/Fs 的定量限为 0.11～0.79 $pg \cdot g^{-1}$，PCNs 的定量限为 0.03～0.20 $pg \cdot g^{-1}$，PCBs 的定量限为 0.24～0.61 $pg \cdot g^{-1}$。每批样品中都包括一个加标空白样品，虽然在部分空白样品中检出了一些低氯代 PCNs 单体，但是其含量都低于样品含量的 5%，因此未采用空白样品中的浓度值对样品浓度进行校正。PCDD/Fs、PCNs 和 PCBs 内标物的回收率分别为 35%～135%、58%～131%和 69%～125%，表明方法有效可行。

4.1.2　工业区土壤中二噁英类化合物浓度水平与分布特征

工业区土壤样品中 PCDD/Fs 的浓度范围为 48.1～383.0 $pg \cdot g^{-1}$，平均值为 101.8±111.2 $pg \cdot g^{-1}$，中值为 55.0 $pg \cdot g^{-1}$。居民区土壤样品中 PCDD/Fs 的浓度

范围为6.8～52.6 pg·g^{-1}，平均值为22.3±17.2 pg·g^{-1}，中值为15.4 pg·g^{-1}。背景点(S16)的PCDD/Fs浓度为14.1 pg·g^{-1}。研究区域土壤中PCDD/Fs的浓度分布如图4.1所示。位于再生铜冶炼厂附近的采样点S11中PCDD/Fs的浓度最高(383.0 pg·g^{-1})，且随着与再生铜厂距离的增大，采样点中PCDD/Fs的浓度水平逐渐减小(除样品S8和S14之外)，说明再生铜冶炼厂对研究区域内土壤中的PCDD/Fs有重要影响。土壤中PCNs的浓度范围为495.2～7317.5 pg·g^{-1}，平均值为2194.4±2489.6 pg·g^{-1}，中值为1141.2 pg·g^{-1}。居民区PCNs的浓度范围为117.6～476.7 pg·g^{-1}，平均值为253.6±143.3 pg·g^{-1}，中值为197.3 pg·g^{-1}。背景点(S16)的PCNs浓度为141.9 pg·g^{-1}。总体上，居民区PCNs浓度水平显著低于工业区。工业区采样点S3和S5的PCNs浓度极高，分别为5566.0和7317.5 pg·g^{-1}，具体原因有待进一步分析。12种dl-PCBs在工业区土壤中的总浓度范围为13.9～229.1 pg·g^{-1}，平均值为97.3±74.1 pg·g^{-1}，中值为60.9 pg·g^{-1}。居民区中dl-PCBs的浓度范围为2.1～27.5 pg·g^{-1}，平均值为12.1±11.3 pg·g^{-1}，中值为8.1 pg·g^{-1}。背景点(S16)的dl-PCBs浓度为5.3 pg·g^{-1}，工业区土壤中dl-PCBs浓度水平高于居民区。同PCNs浓度分布趋势类似，工业区采样点S3和S5中dl-PCBs的浓度最高。

居民区和工业区土壤样品中PCDD/Fs的WHO-TEQ平均浓度分别为1.21和4.55 pg·g^{-1}，PCBs的WHO-TEQ平均浓度分别为0.05和0.33 pg·g^{-1}，PCNs的TEQ平均浓度分别为0.04和0.23 pg·g^{-1}。居民区和工业区土壤中$\sum$TEQ(PCDD/Fs+PCBs+PCNs)平均浓度分别为1.30和5.11 pg·g^{-1}。工业区土壤中平均$\sum$TEQ浓度高于加拿大土壤质量指标(4.0 pg·TEQ·g^{-1})，此外，位于再生铜冶炼厂附近的采样点S11中$\sum$TEQ浓度超标近5倍，因此，该地区土壤中二噁英类化合物的污染应引起重视。虽然PCNs的质量浓度水平最高，但它对于研究区域土壤中TEQ浓度的贡献(0.8%～26%)明显小于PCDD/Fs的贡献(68%～95%)。因此，研究区域应尤其重视土壤中PCDD/Fs的污染及其对人类及生物健康的影响。

表4.1对比了本节与其他文献报道的土壤中二噁英类化合物的浓度及TEQ浓度水平。可以看出，本节工业区土壤中PCDD/Fs的TEQ浓度水平远低于电子垃圾拆解地的浓度水平(218.3～3122.2 pg·g^{-1})(Tang et al.，2013)，而明显高于中国卧龙山高山地区(2.5～4.3 pg·g^{-1})(Pan et al.，2013)，但与珠江三角洲工业区(0.28～15.20 pg·TEQ·g^{-1})(Zhang et al.，2009)、生活垃圾焚烧厂周边(0.59～8.81 pg·TEQ·g^{-1})(Meng et al.，2016)及白银市(0.42～8.34 pg·TEQ·g^{-1})(Hu et al.，2013a)的TEQ浓度水平相近。研究区域土壤中PCNs的浓度水平远低于德国氯碱厂(17900000 pg·g^{-1})(Kannan et al.，1998)。从TEQ浓度水平上看，工业区土壤中PCNs的TEQ水平低于印度河流域(4.6～36 pg·TEQ·g^{-1})(Ali et al.，2016)，该研究表明，印度河流域土壤中PCNs可能受到诸如工业生产、垃圾焚烧等各种工业活动的影响。其他地区土壤中PCNs的浓度水平从高到低依次为中国辽河流域>土耳其工业区>本节工业区>中国苏南地区>中国华北地区>本节工业区周边居

民区＞中国东江河流域＞中国卧龙山高山地区（薛令楠等，2017；Wang et al.，2012；Tian et al.，2014a；Li et al.，2016），可以看出本节的工业区土壤中 PCNs 浓度水平高于中国部分其他研究区域。本节工业区土壤中 PCBs 浓度水平远低于电子垃圾拆解地（2.3～437000 pg·g^{-1}）（Chakraborty et al.，2018），而高于中国卧龙山高山地区。本节的工业区土壤中 PCBs 的 TEQ 浓度水平也低于南非某工业区（Nieuwoudt et al.，2009），而和铁矿石烧结厂周边土壤中 PCBs 的 TEQ 浓度水平接近（廖晓等，2015）。

综上所述，本节工业区土壤中二噁英类化合物的浓度水平低于电子垃圾拆解地及污染场地，但是和已经报道的其他工业区及工业热过程排放源附近区域相近，明显高于山地背景区域。

表 4.1　不同地区土壤中二噁英类化合物污染比较

	质量浓度/（pg·g^{-1}）	TEQ 浓度/（pg·TEQ·g^{-1}）	文献
PCDD/Fs			
中国电子垃圾拆解地	218.3～3122.2	11.2～258.9	Tang et al.，2013
印度电子垃圾拆解地	1000～10600	8～99	Chakraborty et al.，2018
珠江三角洲某工业区	97.6～9600	0.28～15.20	Zhang et al.，2009
生活垃圾焚烧厂周边	7.2～157	0.59～8.81	Meng et al.，2016
中国白银市	20.1～496.3	0.42～8.34	Hu et al.，2013b
中国卧龙山高山地区	2.5～4.3	0.28～0.40	Pan et al.，2013
本节工业区	48.1～383.0	1.81～17.19	本节
本节工业区周边居民区	6.8～52.6	0.26～2.63	本节
PCNs			
中国苏南地区	2630～2480	0.045～0.157	薛令楠等，2017
印度河流域	20～23000	4.6～36	Ali et al.，2016
土耳其某工业区	50～7100	0～1.483	Banu，2016
德国氯碱厂	17900000	—	Kannan et al.，1998
中国华北地区	890～5410	0.01～0.13	Tian et al.，2014a
中国卧龙山高山地区	13～29	0.001	Pan et al.，2013
中国辽河流域	610～6600	0.06～2.58	Li et al.，2016
中国东江河流域	100～666	0～0.06	Wang et al.，2012
本节工业区	495.2～7317.5	0.02～0.92	本节
本节工业区周边居民区	117.6～476.7	0.01～0.08	本节
PCBs			
本节铁矿石烧结厂周边	8.8～403.6	0.05～0.65	廖晓等，2015
印度电子垃圾拆解地	2.3～437000	N.D.～129	Chakraborty et al.，2018
中国卧龙山高山地区	7.6～10.5	0.01～0.02	Pan et al.，2013
南非工业区	120～4700	0.04～4.40	Nieuwoudt et al.，2009
本节工业区	13.9～229.1	0.12～0.94	本节
本节工业区周边居民区	2.1～27.5	0.01～0.13	本节

注："—"表示未见报道。

4.1.3 工业区土壤中二噁英类化合物同类物的分布特征

如图 4.2(a)所示,对工业区及周边居民区土壤中 PCDD/Fs 贡献最大的单体为 OCDD、OCDF 和 1,2,3,4,6,7,8-HpCDF,占比分别为 28%、19%和 15%。背景点样品中 PCDD/Fs 单体的分布特征与工业区及周边居民区具有明显的差异,其中 OCDD 占比明显高于其他样品(65%)。相较于居民区土壤样本,工业区土壤样本中 PCDD/Fs 的单体占比变化更大,这可能与工业区污染源分布情况相较于居民区更为复杂有关。图 4.2(b)显示了各土壤样品中不同氯代 PCNs 组成特征。从图中可以看出,低氯代(二氯和三氯)PCNs 对∑PCNs 的贡献最大(平均贡献率达 87%)。另外,前文中提到的 PCNs 浓度较高的样本点 S3 及 S5,它们的同系物占比也与其他采样点的 PCNs 不同,在这两个样品中二氯代 PCNs 占比极高,分别为 74%和 88%,其中,CN-5/7、CN-6/12 和 CN-11/8 是主要的 PCN 单体。12 种 dl-PCBs 单体在土壤样品中的分布特征如图 4.2(c)所示,低氯代 PCBs 的占比较高。对 dl-PCBs 贡献较大的三种单体分别为 CB-77(18%)、CB-105(17%)和 CB-118(38%)。

4.1.4 工业区土壤中二噁英类化合物来源分析

从上述工业区中二噁英类化合物浓度分布特征可知,再生铜冶炼厂对工业区土壤中的 PCDD/Fs 可能有重要贡献。为了进一步评价该再生铜冶炼厂对工业区土壤中 PCDD/Fs 的影响,将土壤样本中 PCDD/Fs 单体贡献率与 2013 年采集于该厂的烟道气进行对比(Hu et al. ,2013c)(图 4.3)。由此可知,大多数 PCDD/Fs 单体的占比在土壤和烟道气中具有相似性(土壤和烟道气样品中 PCDD/Fs 单体贡献率的 Pearson 相关性系数为 0.650,$p<0.05$),但有一些单体分布特征仍有不同,特别是 OCDD。可能原因如下:①OCDD 在环境中的累积性高于其他 PCDD/Fs 单体(Reiner et al. , 2006; Kuo et al. , 2014);②其他来源的影响;③土壤和烟道气样本采集时间的差异。但总的来说,从以上分析可发现,再生铜冶炼厂对工业区土壤中 PCDD/Fs 的污染有重要贡献。

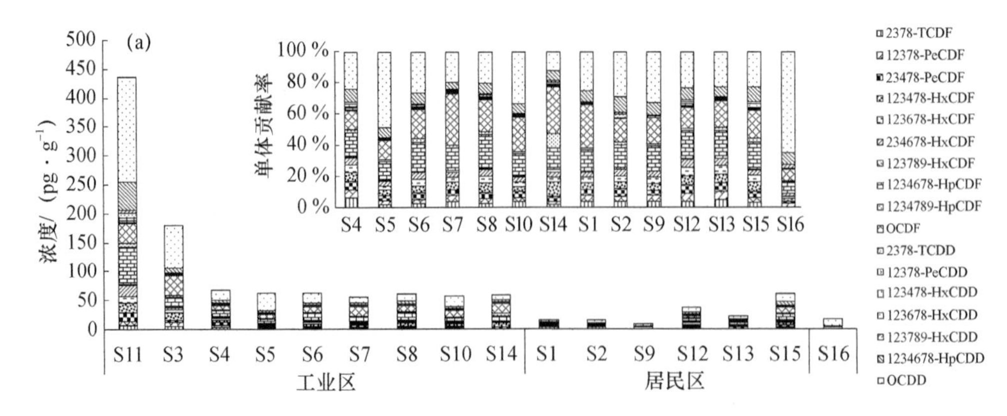

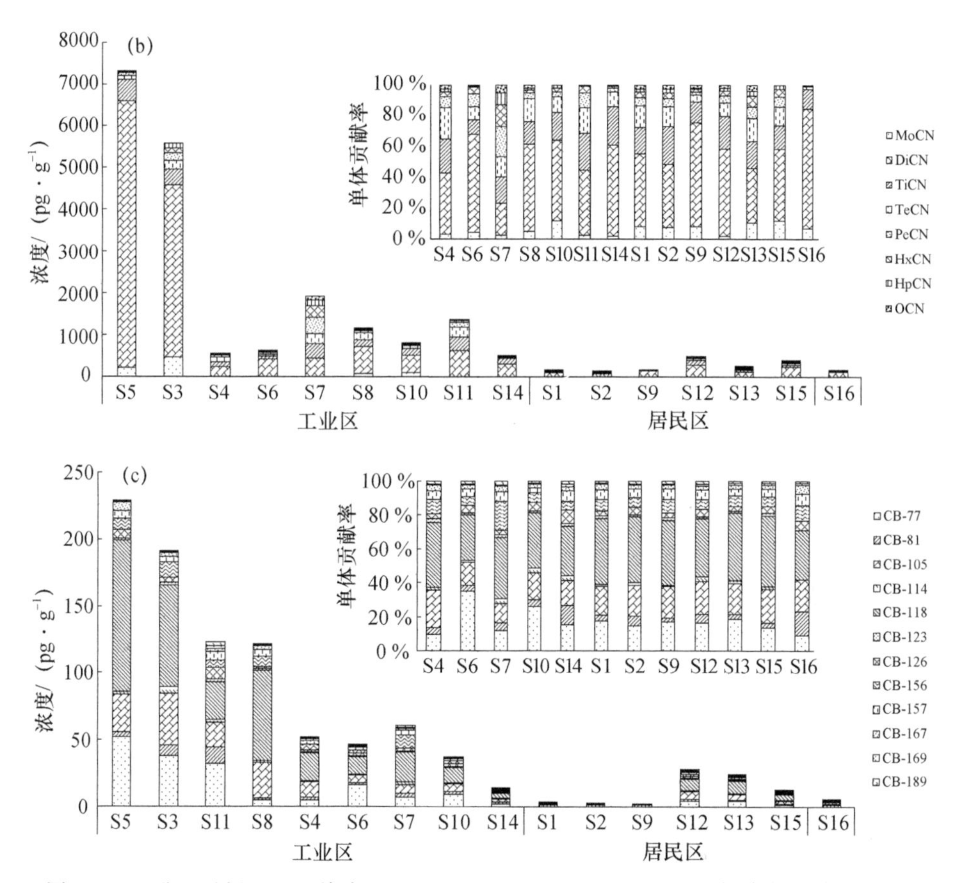

图 4.2　工业区及居民区土壤中 PCDD/Fs(a)、PCNs(b)和 PCBs(c)同类物的分布特征

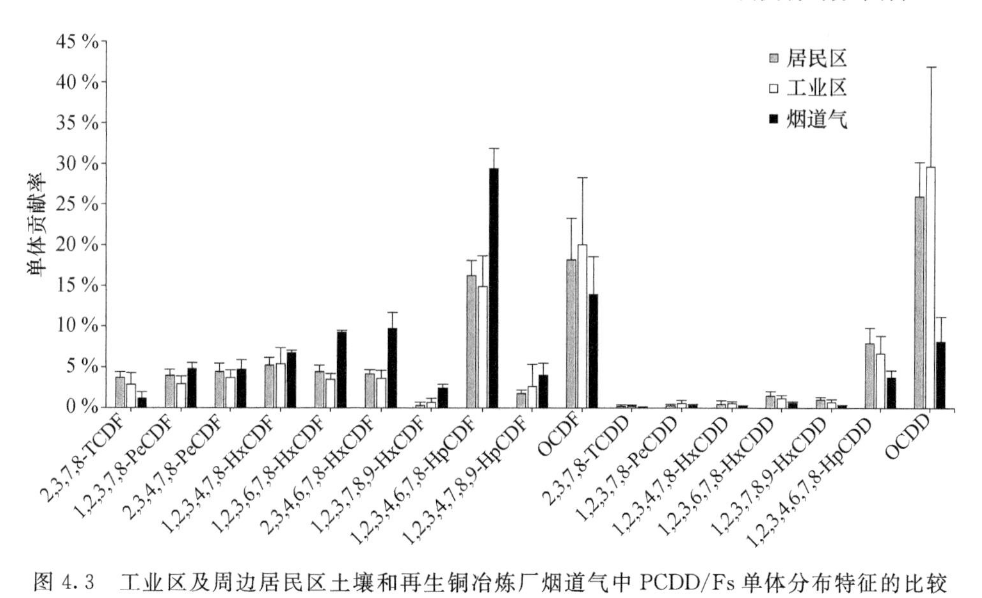

图 4.3　工业区及周边居民区土壤和再生铜冶炼厂烟道气中 PCDD/Fs 单体分布特征的比较

由工业区土壤样品中 PCNs 的浓度分布特征可知，该工业区存在两个 PCNs 浓度极高的点(S3 和 S5)，而且它们的同系物分布特征也明显不同于其他采样点。进一步的研究发现，样品 S3 和 S5 中 PCNs 单体的组成与其在工业品 HW1000 中的极其类似(Noma et al.，2004)(图 4.4)。HW1000 为液态，曾作为绝缘油等工业品使用，现在已全面停产。采样点 3 与采样点 5 出现类似工业品 HW1000 的特征，可能是 PCNs 工业品在该地区使用的历史遗留现象。

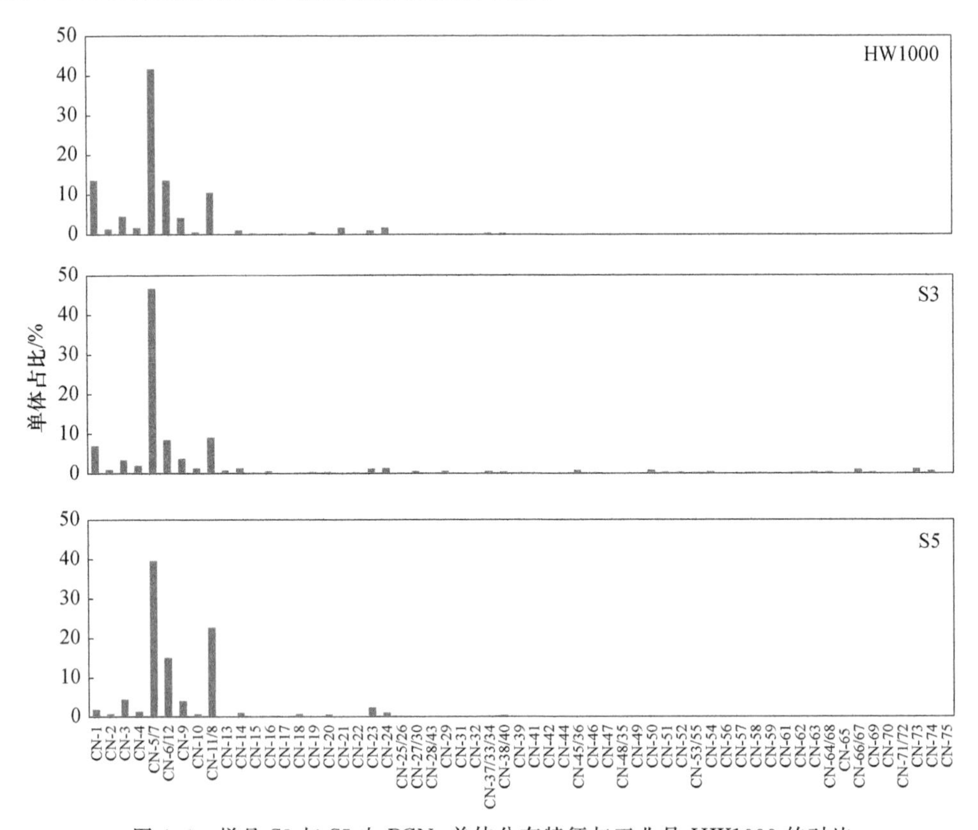

图 4.4　样品 S3 与 S5 中 PCNs 单体分布特征与工业品 HW1000 的对比

除曾作为工业品被大量生产使用外，PCNs 还可能在工业热过程中非故意生成和排放。因此，也应考虑工业区中诸如再生铜冶炼厂、热电厂等对土壤中 PCNs 的影响。为了排除 PCNs 工业品的影响，进一步确定研究区域 PCNs 的来源，对样品中 PCNs 热相关单体求和($\sum_{\text{热相关}}$PCNs)(PCNs 热相关单体定义详见本书 1.2.3)。从图 4.1 中可以看出$\sum_{\text{热相关}}$PCNs 的浓度分布特征与$\sum_{75}$PCNs 的分布明显不同。再生铜冶炼厂附近及其下风向采样点(S3、S7、S8 和 S11)土壤样品中$\sum_{\text{热相关}}$PCNs 的浓度较高，说明再生铜冶炼厂是该区域土壤中 PCNs 的重要工业热排放源。

工业区土壤中 PCBs 主要单体为 CB-77、CB-81 和 CB-118。相关文献报道，PCB 工业品如 Aroclors 1221/1232/1242 及 Kanechlors 300/400/500 中的 dl-PCBs 主要

贡献单体也为上述三种单体(Alcock et al., 1998; Nieuwoudt et al., 2009)。我国主要生产和使用的 PCBs 工业品为 PCB1#和 PCB2#，在 PCB 1#产品中主要为三氯代单体，PCB 2#产品中主要为四氯代单体。这两个工业品中 PCBs 单体分布与 Aroclors 1242 有较高的相似性，即其 CB-77、CB-81 和 CB-118 对 dl-PCBs 的贡献率也较高(降巧龙等, 2007)。另一方面，近期的研究表明，在一些工业热过程中，CB-77 和 CB-118 也是 dl-PCBs 的主要贡献单体(Liu et al., 2013a)。所以，工业区污染源较为复杂，无法利用现有数据分析 PCBs 在该地区土壤中的具体来源。此外，本节从浓度分布特征出发，对比了整个研究区域内 dl-PCBs 与其他两种化合物的浓度分布特征，发现∑dl-PCBs 与∑PCNs 的浓度呈现出显著正相关性(图 4.5)，这说明 PCBs 与 PCNs 可能具有相同的排放源，那么再生铜冶炼厂的排放可能对工业区土壤中 PCBs 的污染也具有一定的影响。

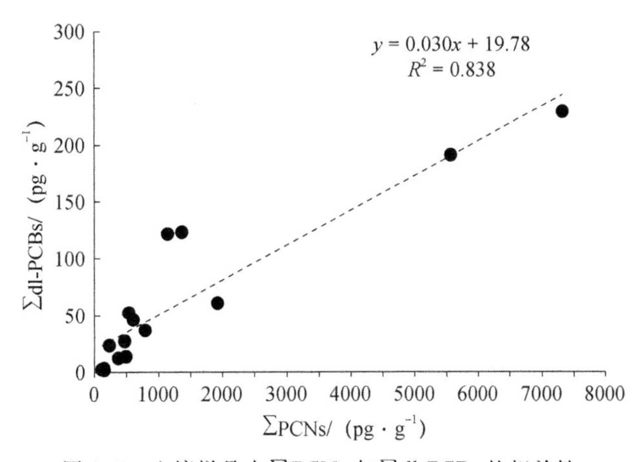

图 4.5　土壤样品中∑PCNs 与∑dl-PCBs 的相关性

相关研究报道热电厂也是 PCDD/Fs 的一个重要排放源(Capuano et al., 2005)。本研究区域中的热电厂位于居民区内，在该厂附近采集了两个样本(S1 和 S13)，它们与热电厂的直线距离均小于 300m。研究发现，S1 和 S13 中 PCDD/Fs 的浓度分别为 13.4 和 17.4 pg · g^{-1}，处于较低水平，所以可以认为热电厂对该地区环境中 PCDD/Fs 的贡献有限。也有文献指出采用石墨电极工艺的氯碱生产过程中会产生 PCDD/Fs(田亚静等, 2011)，但经过调查发现，本研究区域中的氯碱厂采用的工艺为离子膜交换方法。除此之外，由氯碱生产所产生的二噁英类化合物一般不会排放到周边环境中。该工业区内还有 1 家聚酯厂，但目前尚未见有关聚酯厂内二噁英类化合物的相关报道，因此该聚酯厂对于周边土壤中二噁英类化合物污染的贡献还需进一步研究。此外，交通及其他人类活动也可能对该区域环境中二噁英类化合物的污染特征产生一定的影响。但总体上，该工业区土壤中 PCDD/Fs 的污染主要来源于再生铜冶炼厂的排放，同时该厂对于 PCNs 和 PCBs 的污染也有一定的贡献，此外PCN工业品历史使用的遗留对研究区域土壤中PCNs具有重要的影响。

4.1.5 健康风险的评估

研究按照本书1.5.1所列的暴露风险评价方法评估了工业区室外工人及周边居民(成人和孩童)暴露土壤中二噁英类化合物的健康风险(表4.2)。总体来说,工业区土壤中二噁英类化合物导致的室外工人的致癌风险(TR)和非致癌风险(THQ)(平均值0.24×10^{-6}和0.007)均低于风险阈值($TR=10^{-6}$和THQ=1)。但值得注意的是,工业区中污染最严重的样本(S11)中二噁英类化合物对室外工人的致癌风险为0.85×10^{-6}($TR=10^{-6}$),接近致癌风险阈值。考虑到二噁英类化合物在土壤中的累积效应,研究区域土壤中二噁英类化合物对工人的潜在健康风险值得关注。居民区土壤中二噁英类化合物对普通居民的致癌风险最大值也达到了0.58×10^{-6}(S15)。对于周边居民来说,其THQ均明显低于潜在非致癌风险值(THQ=1)。居民区中,虽然孩童的暴露时间明显低于成人,但由于孩童每日土壤摄入量更高,体重更轻,所以孩童比成人具有更高的THQ值,这说明应更加关注居民区土壤中二噁英类化合物对孩童可能造成的危害。

表4.2 工业区及周边居民区土壤对人体的致癌风险(TR)及非致癌风险(THQ)

	样品	THQ-child	THQ-adult	TR(10^{-6})
居民区	S1	0.011	0.001	0.122
	S2	0.012	0.001	0.126
	S9	0.005	0.001	0.059
	S12	0.048	0.005	0.521
	S13	0.022	0.002	0.243
	S15	0.054	0.005	0.585
		THQ		TR
工业区	S3	0.009		0.306
	S4	0.006		0.210
	S5	0.003		0.104
	S6	0.004		0.137
	S7	0.005		0.163
	S8	0.004		0.144
	S10	0.003		0.098
	S11	0.025		0.850
	S14	0.004		0.120

4.1.6　小结

(1)工业区土壤中二噁英类化合物的浓度水平远低于电子垃圾拆解地，与其他工业区的研究结果相当。PCNs 是工业区土壤中质量浓度含量最高的二噁英类化合物，但 PCDD/Fs 对 TEQ 浓度的贡献率最大。

(2)再生铜冶炼厂是工业区土壤中 PCDD/Fs 的主要来源，同时其对工业区中的 PCNs 和 PCBs 也有重要的贡献。此外，工业区土壤环境中还发现了高浓度 PCNs，可能是 PCNs 工业品的历史遗留。

(3)工业区及周边居民区土壤中二噁英类化合物对于长期处于该环境中的人群的致癌及非致癌风险估算值都未超过风险阈值。但是再生铜厂附近的一个采样点土壤中二噁英类化合物对人体的致癌风险已接近风险阈值，应引起重视。

4.2　西北典型综合型工业区土壤中二噁英类化合物的污染特征及人体暴露风险评估

4.2.1　样品采集与分析

(1)样品采集

研究选取的综合型工业区地处我国西北地区，占地面积约 150 km^2，其中遍布了各种不同类型的工业生产企业，主要包括钢铁冶炼厂、水泥窑、燃煤发电厂和再生造纸厂等，它们都是二噁英类化合物的潜在排放源。除此之外，密集的交通和盛行风向(西北风)均可能对二噁英类化合物的分布特征产生影响。

2017 年 6 月，在该工业区内共采集了 17 份土壤样品(S1～S17)，见图 4.6。采样点主要集中在工业活动密集区域，并考虑了潜在二噁英类化合物排放源的位置以及主导风向。例如，样本 S6、S10、S16 和 S17 采集于钢铁冶炼厂附近，样本 S11 采集于燃煤发电厂附近。样本 S1、S12、S13、S14 和 S15 在远离工厂的位置采集，并在距离工业区约 20 km 处采集土壤背景样本 1 份(S18)。

(2)样品预处理和分析

土壤样品中二噁英类化合物的预处理和分析方法详见本书 2.2。

(3)质量保证与质量控制

各目标化合物测定均采用同位素稀释法，PCNs、PCDD/Fs 和 PCBs 的检出限范围分别为 0.03～0.20、0.24～0.61 和 0.11～0.79 $pg \cdot g^{-1}$。每一批实验均设置一个空白样品，并按照与土壤样品相同的步骤进行处理。在空白样品中，一些低氯代的 PCNs 和低氯代的 PCBs 被检测到，但是空白样品中这些物质的含量都小于样品含量的 5%，因此，未对土壤样本进行扣除空白处理。PCNs、PCDD/Fs 和 PCBs 内标化合物的回收率范围分别为 51%～90%、49%～115%和 60%～117%，符合 US EPA

1613 和 1668 方法的内标化合物回收率标准。

(4)数据统计与分析

主成分分析法、PMF 模型方法详见本书 3.1.1,暴露风险评估方法详见本书 1.5.1。

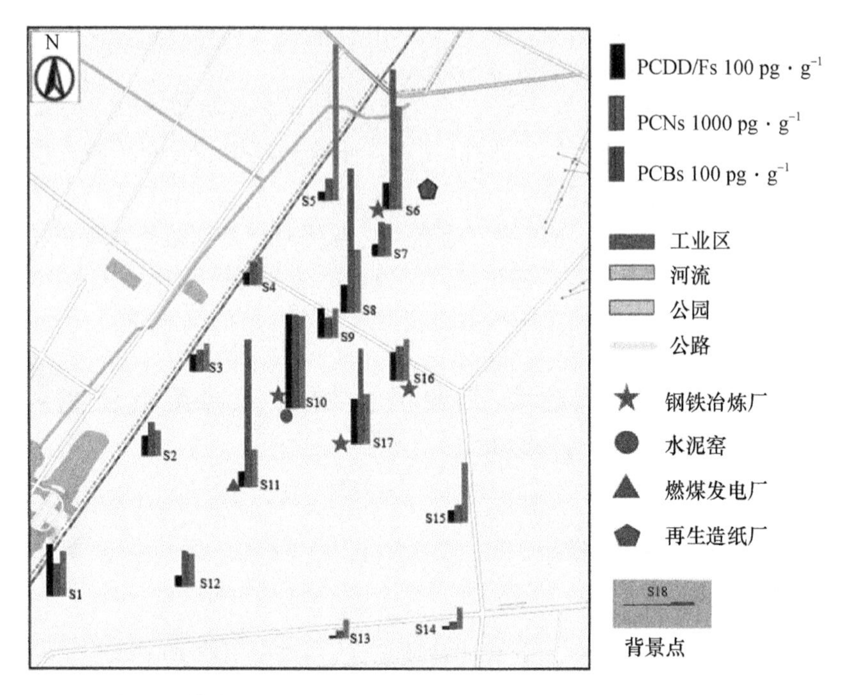

图 4.6　综合型工业区周边土壤中二噁英类化合物的浓度分布图

(图中浓度柱状图从左至右依次为 PCDD/Fs、PCNs 和 PCBs)

4.2.2　工业区土壤中二噁英类化合物水平与分布特征

西北典型综合型工业区土壤中 17 种 2378 位取代 PCDD/Fs 总浓度(∑PCDD/Fs)范围为 7.00～215 pg · g^{-1},平均值为 57.3 pg · g^{-1},中值为 39.6 pg · g^{-1}。75 种 PCNs 总浓度(∑PCNs)范围为 183～3340 pg · g^{-1},平均值为 1230 pg · g^{-1},中值为 776 pg · g^{-1}。19 种 PCBs 总浓度(∑PCBs)范围为 45.1～355 pg · g^{-1},平均值为 117 pg · g^{-1},中值为 86.4 pg · g^{-1}。背景样本中 PCDD/Fs、PCNs 和 PCBs 的浓度分别为 4.20、71.4 和 49.1 pg · g^{-1}。总体而言,PCNs 对二噁英类化合物总浓度的贡献最大,平均贡献率为 88%,PCDD/Fs 和 PCBs 分别贡献了 8%和 4%。

综合型工业区周边土壤中 PCDD/Fs、PCNs 和 PCBs 的浓度分布如图 4.6 所示。位于工业区中心位置的水泥窑和钢铁冶炼厂附近的采样点(S10)中 PCDD/Fs 浓度最高(215 pg · g^{-1}),且位于 4 座钢铁冶炼厂附近的采样点(样本 S6、S10、S16 和 S17)中 PCDD/Fs 的浓度要大于远离钢铁冶炼厂的采样点(除样本 S1 外)。这表明钢铁冶炼厂可能对工业区土壤中 PCDD/Fs 的污染有重要影响。对于 PCNs,样本

S11(3340 pg・g^{-1})、S8(3270 pg・g^{-1})、S6(3170 pg・g^{-1})、S17(2160 pg・g^{-1})和S10(2130 pg・g^{-1})中检测到了较高浓度的 PCNs。最高浓度的 PCBs(355 pg・g^{-1})则在工业区北部采集的样本 S5 中被检测到。PCDD/Fs、PCNs 和 PCBs 的浓度水平在空间分布上存在差异性，这说明土壤中各二噁英类化合物可能存在不同的污染来源。

综合型工业区周边土壤中 PCDD/Fs 的 TEQ 浓度范围为 0.49～9.38 pg・g^{-1}，平均值为 2.40 pg・g^{-1}。PCNs 的 TEQ 浓度范围 0.01～0.81 pg・g^{-1}，平均值为 0.19 pg・g^{-1}。PCBs 的 TEQ 浓度范围为 0.02～0.71 pg・g^{-1}，平均值为 0.19 pg・g^{-1}。土壤中二噁英类化合物 TEQ 总浓度($\sum$TEQ)范围为 0.52～10.51 pg・g^{-1}，平均值为 2.79 pg・TEQ・g^{-1}。尽管 PCNs 的质量浓度要大于 PCDD/Fs 和 PCBs，但由于 PCDD/Fs 具有较大的毒性当量因子，使得PCDD/Fs对$\sum$TEQ 的贡献(86%)明显大于 PCNs(7%)和 PCBs(7%)。因此，作为$\sum$TEQ 浓度的主要贡献者，应更加重视 PCDD/Fs 的污染问题。在样本 S10(10.5 pg・TEQ・g^{-1})、S1(5.05 pg・TEQ・g^{-1})、S17(4.95 pg・TEQ・g^{-1})和S6(4.53 pg・TEQ・g^{-1})中二噁英类化合物的$\sum$TEQ 浓度均超过了加拿大土壤质量指标(4.0 pg・TEQ・g^{-1})，这说明该工业区土壤中二噁英类化合物的污染应当引起重视。

表 4.3 对比了不同地区土壤中二噁英类化合物的污染水平。Meng 等(2016)测定了我国北方某 MSWIs 周边土壤中 PCDD/Fs 的含量，浓度范围为 17.2～157 pg・g^{-1}。Zhou 等(2018)报道的我国北方某钢铁冶炼厂周边土壤中 PCDD/Fs 的浓度范围为 13～320 pg・g^{-1}。西北综合型工业区周边土壤中 PCDD/Fs 的浓度与上述文献所报道的 PCDD/Fs 浓度和我国东部综合工业区(101.8 pg・g^{-1})相当，但要低于我国东南部某工业区周边土壤中 PCDD/Fs 的浓度(97.6～9600 pg・g^{-1})。与其他研究中测定的 PCNs 浓度相比，西北综合型工业区周边土壤中的 PCNs 浓度与我国东部综合工业区周边的 PCNs 浓度相当，但要大于土耳其钢铁冶炼厂、土耳其工业区和西班牙化工/石化厂周边的 PCNs 浓度(表 4.3)。值得注意的是，综合型工业区周边土壤中 CN-75 单体的浓度均大于其他地区土壤中 CN-75 单体的浓度。就其他地区的 PCBs 的含量而言，Liu 等(2013b)报道的我国某座 MSWIs 周边土壤中 PCBs 的浓度范围为 28.0～264.4 pg・g^{-1}。廖晓等(2015)检测了我国北方某铁矿石烧结厂周边土壤中 PCBs 的含量，结果显示 PCBs 的浓度范围为 8.8～403.6 pg・g^{-1}。我国东部综合工业区土壤中 PCBs 的浓度范围为 13.9～229.1 pg・g^{-1}。上述各地区土壤中 PCBs 的浓度与西北综合型工业区周边土壤中 PCBs 的含量相当。尽管本研究工业区周边土壤中 PCBs 的含量均远低于 Cetin(2016)和 Odabasi 等(2010)报道的土耳其工业区周边土壤中 PCBs 的水平，但研究区域土壤中 CB-209 单体的含量均大于土耳其工业区周边土壤中 CB-209 单体的水平。整体而言，本研究区域土壤中二噁英类化合物浓度与其他地区水平相当，但综合型工业区周边土壤中 CN-75 单体和 CB-209 单体的水平均大于其他地区土壤中 CN-75 和 CB-209 单体水平。有文献报道，CN-75 浓度偏高可能与工业品 Halowax1051 的使用有关，而高浓度的 CB-209 可能是酞菁型颜料的使用造成的，具体来源需进一步分析(Noma et al.，2004；Anezaki et al.，2014)。

表 4.3　不同地区土壤中二噁英类化合物含量

	国家或地区	排放源	浓度 /(pg・g^{-1})	TEQ 浓度 /(pg・TEQ・g^{-1})	文献
PCDD/Fs	中国北方	MSWIs	17.2～157	0.59～8.81	Meng et al.，2016
	中国北方	钢铁冶炼厂	13～320	0.16～4.5	Zhou et al.，2018
	中国东南	工业区	97.6～9600	1.44～8.23	Zhang et al.，2009
	中国东部	工业区	101.8	1.53～17.19	本书 4.1.2
	中国西北	综合型工业区	7.00～215	0.49～9.38	本节
	国家或地区	排放源	浓度 (pg・g^{-1})	CN-75 浓度 (pg・g^{-1})	文献
PCNs	土耳其 Aliaga	钢铁冶炼厂[c]	700	/[a]	Odabasi et al.，2017
	西班牙 Tarragona，	化工/石化厂[d]	0～371.5	n. d.[b]～19.8	Nadal et al.，2007
	土耳其 Hatay-Iskenderun	工业区[c]	40～940	5	Odabasi et al.，2010
	土耳其 Dilovasi，	工业区[c]	1150	2～300	Cetin，2016
	中国东部	工业区[e]	2194.4	0～104.8	本书 4.1.2
	中国西北	综合型工业区[e]	183～3340	4.1～2369.6	本节
	国家或地区	排放源	浓度 (pg・g^{-1})	CB-209 浓度 (pg・g^{-1})	文献
PCBs	中国	MSWI[f]	28.0～264.4	/[a]	Liu et al.，2013b
	中国北方	铁矿石烧结厂[f]	8.8～403.6	/[a]	廖晓等，2015
	土耳其 Dilovasi	工业区[g]	106300	42	Cetin，2016
	土耳其 Hatay-Iskenderun	工业区[g]	19000	nd[b]	Odabasi et al.，2010
	中国东部	工业区[i]	13.9～229.1	/[a]	本书 4.1.2
	中国西北	综合型工业区[h]	45.1～355	10.1～104	本节

注：a 未报道，b 未检出，c 三氯代-八氯代 PCNs(单体数为 32 种)，d 四氯代-八氯代 PCNs(单体个数未报道)，e 一氯代-八氯代 PCNs(75 种单体数)，f 三氯代-七氯代 PCBs(18 种单体)，g 三氯代-十氯代 PCBs(41 种单体)，h 三氯代-十氯代 PCBs(19 种单体)和 i 三氯代-七氯代 PCBs(12 种单体)。

4.2.3 工业区周边土壤中二噁英类化合物单体分布特征

如图4.7(a)所示，综合型工业区周边土壤中各PCDD/Fs的单体分布相似，高氯代单体是PCDD/Fs总浓度的主要贡献者，其中OCDF和1,2,3,4,6,7,8-HpCDF占PCDD/Fs总浓度的38%～63%。综合型工业区周边土壤中∑PCDFs/∑PCDDs的值约85∶15，这表明工业热过程可能对土壤中PCDD/Fs具有重要贡献。背景点OCDF和1,2,3,4,6,7,8-HpCDF对PCDD/Fs总浓度的贡献率分别为50%和22%。

在大部分样品中，低氯代萘对PCNs总浓度的贡献最大，其中一氯萘、二氯萘和三氯萘约占PCNs总浓度的70%［图4.7(b)］。然而，样品S8中的PCNs单体分布与其他样本不同。在样本S8中，八氯代萘对PCNs总浓度的占比超过了70%。曾有研究表明，高水平的CN-75可能是与PCN工业品(Halowax1051)的历史使用有关(Noma et al.，2004；Li et al.，2014a)。背景点PCNs中二氯代和三氯代PCNs占比较高，分别为44%和42%。

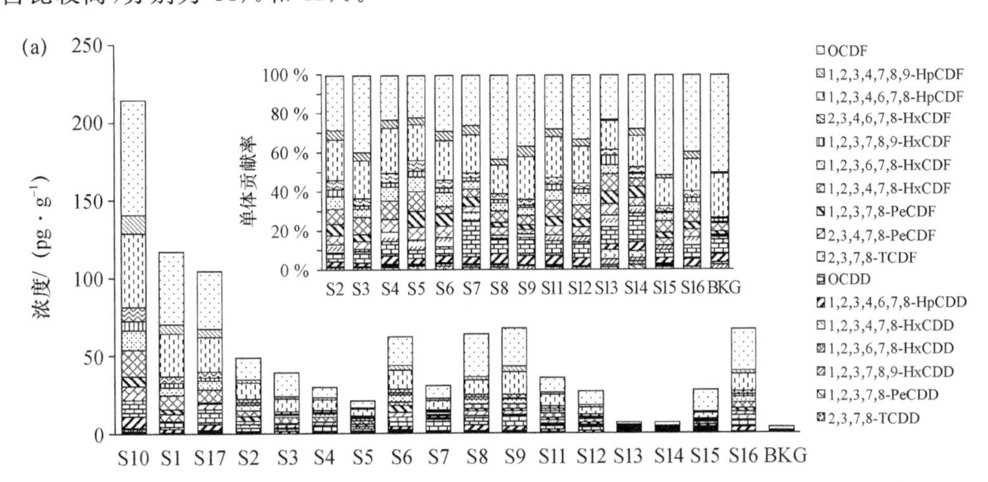

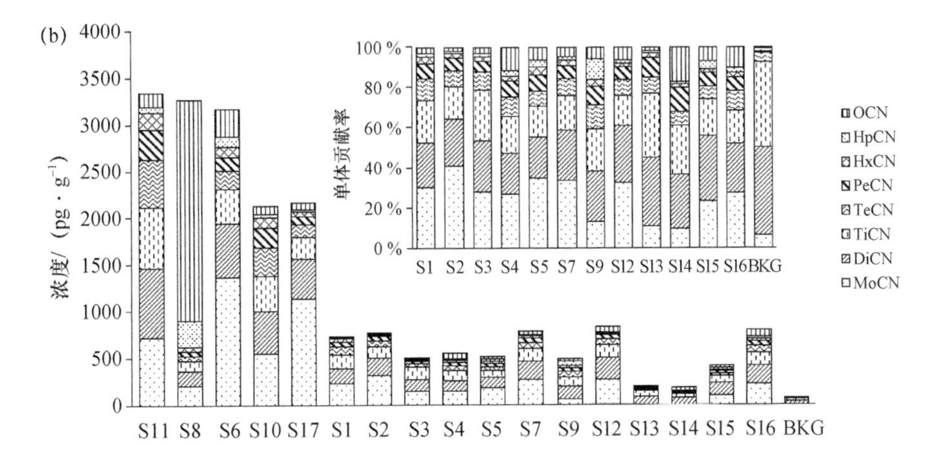

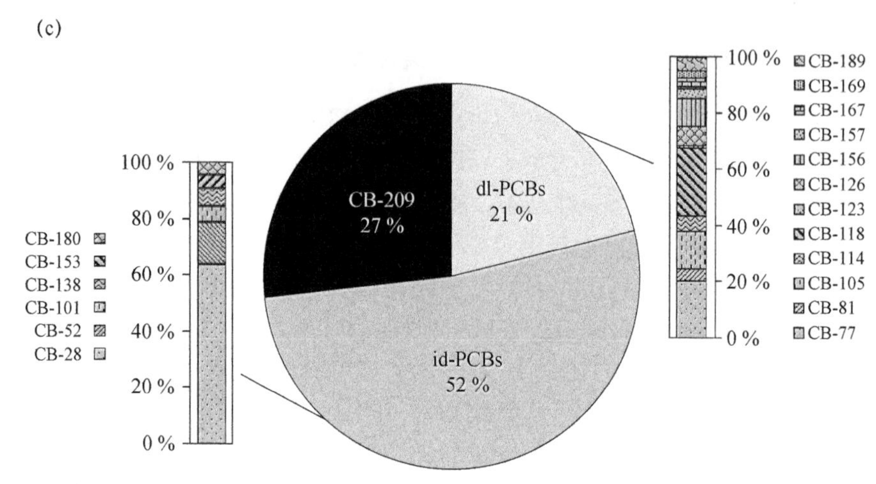

图 4.7　工业区土壤中 PCDD/Fs(a)、PCNs(b)和 PCBs(c)同类物组成特征

图 4.7(c)显示了土壤中 id-PCBs 和 dl-PCBs 的单体分布规律，CB-28 和 CB-52 是 id-PCBs 的主要贡献者，而 dl-PCBs 则是以 CB-77、CB-105 和 CB-118 为主要贡献。CB-209 对土壤中 19 种 PCBs 的总浓度贡献率仅次于 CB-28(30%)，平均贡献率达到了 27%。

4.2.4　工业区土壤中 PCDD/Fs 和 PCNs 的来源解析

(1)主成分分析

前文分析推测钢铁冶炼厂可能是综合型工业区周边土壤中 PCDD/Fs 的主要排放源。因此，本节运用 PCA 进行进一步的验证。本节 17 份土壤样本和部分典型的工业热排放源[5 家转炉钢铁厂(Li et al.，2014b)、3 家 MSWIs、1 家水泥窑(Hu et al.，2013b)、3 家再生金属铝冶炼厂、3 家再生铜冶炼厂和 1 家再生铅(Hu et al.，2013c)]烟道气中的 PCDD/Fs 被运用于 PCA 分析。如图 4.8 所示，Component 1 和 Component 2 的贡献率分别为 47.3%和 22.0%。Hexa-CDF 和 hepta-CDF 占比较高的样本点集中在 Component 1 的负方向，而以 tetra-CDF 为主的样本点主要集中在其正方向。位于 Component 2 负方向的样本点主要以 OCDFs 为主，其他 PCDD/Fs 单体在位于正方向的样本中占比较高。例如，水泥窑烟道气中 tetra-CDF 贡献率较高，所以其位于图 4.8 的右侧，而位于图 4.8 下方向的 CS-2、CS-4 和 CS-5 的烟道气主要以 OCDFs 为主。由图 4.8 可知，14 份土壤样本(样本 S5、S13 和 S14 除外)和 4 座转炉钢铁厂(CS-1、CS-2、CS-4 和 CS-5)可归为一组。样本 S5 采集于工业活动的上风向区域，样品 S13 和 S14 的采集点远离密集工业活动的区域，这意味着样本 S5、S13 和 S14 受潜在排放源的影响要小于其他样品。同时，分析图将样本 CS-3 与其他转炉钢厂(CS-1、CS-2、CS-4 和 CS-5)分开了，这可能是因为 CS-3 的 PCDD/Fs 单体分布特征与其他样本不同。PCA 结果表明，转炉钢铁厂比其他工业类型的污染源对样品的贡献更大。

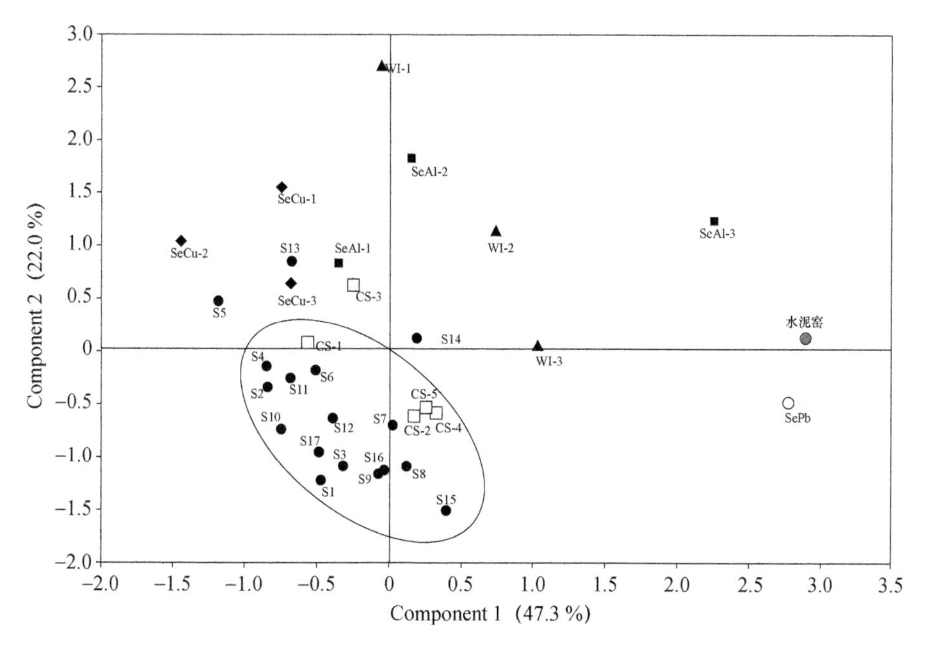

图 4.8　工业区土壤样品和工业热排放源烟道气中 PCDD/Fs 主成分分析图
（WI＝城市固体废物焚化炉，CS＝转炉炼钢厂，SeAl＝再生铝冶炼厂，
SeCu＝再生铜冶炼厂，SePb＝再生铅冶炼厂）

有文献报道，燃煤发电厂也是 PCDD/Fs 的主要排放源（Mari et al.，2008）。但由图 4.6 可知，位于发电厂附近的样本 S11 的 PCDD/Fs 浓度为 36.2 $pg \cdot g^{-1}$，处于较低水平，所以本研究认为该热电厂不是研究区域 PCDD/Fs 主要排放源。图 4.8 中水泥窑的分布远离土壤样本，这表明水泥窑对土壤中 PCDD/Fs 的贡献也较小。根据以上分析可知，该综合型工业区周边土壤中 PCDD/Fs 的浓度主要受钢铁冶炼厂排放的影响。

本节运用 PCA 对土壤样品中 PCNs 也进行了分析，对象包括研究区域土壤样本，五座转炉钢铁厂（Li et al.，2014b）和水泥窑烟道气样本（Hu et al.，2013b），工业品 Halowax 1001、1013、1031、1051、1099（Noma et al.，2004）和工业品 PCB 3＃（Huang et al.，2015）中 PCNs 的同系物组成。Component 1 和 Component 2 的贡献率分别为 47.3％和 22.0％。由图 4.9 所示，Group Ⅰ 主要包括 17 份土壤样本、两座转炉钢铁厂（CS-2 和 CS-5）和水泥窑，且这些样本点均是以低氯代 PCNs 为主。CS-1、CS-3、CS-4 和 Halowax 1031 与 Group Ⅰ 相邻。Group Ⅱ 中主要包括样本 S8 和 Halowax 1051，主要以八氯代 PCNs 为主。PCA 的结果表明，该工业区周边土壤中 PCNs 的浓度主要受钢铁冶炼厂（CS）、水泥窑和 PCN 工业产品（Halowax 1051）的影响。

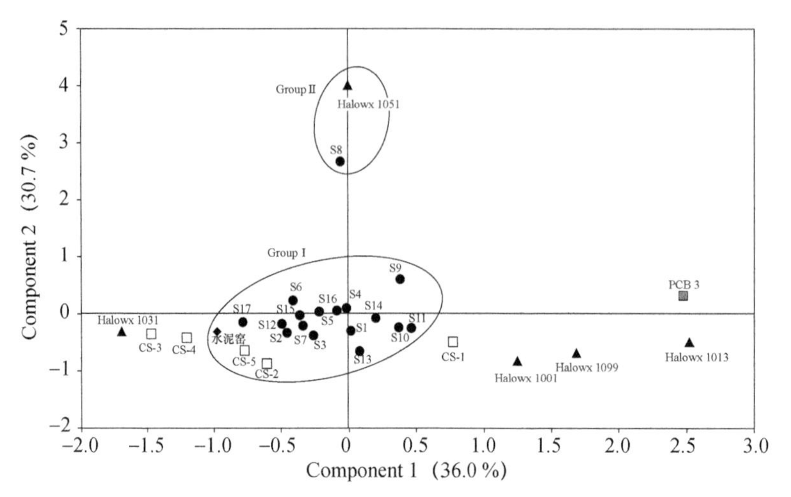

图 4.9 工业区土壤样本、工业品和工业热排放源烟道气中 PCNs 的主成分分析图

(2)正交矩阵分解

本节运用 PMF 模型分别对土壤中 PCDD/Fs 和 PCNs 的来源进行了解析。由图 4.10 可知,模型解析出 3 类 PCDD/Fs 可能排放源因子。因子 1、2 和 3 的贡献率分别为 16.2%、21.2%和 62.6%。因子 1 以 1,2,3,4,6,7,8-HpCDF 为主,因子 2 以 OCDF 为主,因子 3 以 1,2,3,4,6,7,8-HpCDF 和 OCDF 为主。Li 等(2014b)曾报道过,转炉钢铁厂排放的烟道气中 1,2,3,4,6,7,8-HpCDF 和 OCDF 的占比相对较高,表明该综合型工业区周边土壤中 PCDD/Fs 的浓度主要受钢铁冶炼厂的影响。PCDD/Fs 源解析结果与 PCA 相似。

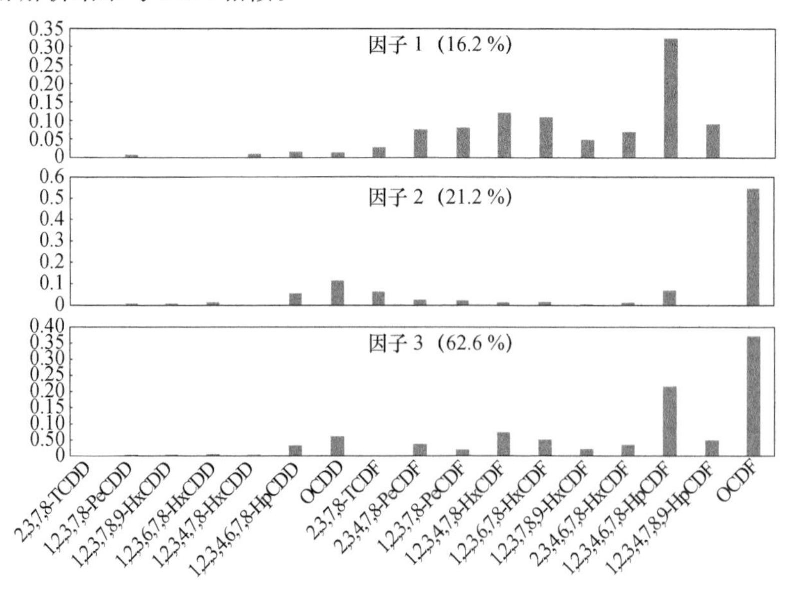

图 4.10 不同来源对综合型工业区周边土壤中 PCDD/Fs 贡献的源柱状图

PMF 对工业区土壤中 PCNs 来源解析结果如图 4.11 所示。结果表明，PMF 解析出 4 类 PCNs 可能排放源因子。其中，因子 1 和 2 的贡献率分别为 32.2%和 38.6%，均是以一氯萘、二氯萘和三氯萘为主。Liu 等(2015)曾报道过低氯代 PCNs 可能来源于工业热过程，且在因子 1 和 2 中检测出了多种 PCNs 的热相关单体。因此，推测因子 1 和 2 代表了工业热过程对土壤中 PCNs 的贡献。图 4.12 对比了因子 1、2 和转炉钢铁厂烟道气中 PCNs 的单体分布，可以看出因子 1 与转炉钢铁厂烟道气中的 PCNs 的单体组成更为相性。考虑到研究区域中有多个钢铁冶炼厂，因此确定因子 1 代表了钢铁冶炼厂的贡献。在因子 2 中，一氯萘占比最大，超过了 50%。而转炉钢铁厂烟道气中的 PCNs 以二氯代 PCNs 为主，这表明因子 2 中的 PCNs 可能不来自于钢铁冶炼厂的排放。Liu 等(2016a)曾报道水泥窑烟道气中 PCNs 的排放以一氯代 PCNs 为主，CN-2 和 CN-1 具有较高的占比。因此，推断因子 2 可能代表水泥窑的贡献。因子 3 的贡献率为 22.3%，八氯代 PCNs 占比最高。进一步的分析表明，因子 3 的 PCNs 单体分布与工业品 Halowax 1051 相似(Noma et al.，2004；Li et al.，2014a)。尽管 Halowax 1051 从未在我国生产过，但因其具有良好的化学稳定性被多个国家广泛应用于阻燃剂当中(Liu et al.，2014)。在本研究工业区中，Halowax 1051 可能曾经被使用过。因此，因子 3 可被认为是工业品 Halowax 1051 的历史遗留。最后一个因子的贡献率为 6.9%，由一氯萘、二氯萘和三氯萘主导。没有明确的源指纹图谱与因子 4 匹配。在因子 4 中，二氯萘由 CN-4 和 CN-8/11 主导，三氯萘由 CN-21 和 CN-17/25/26 主导，CN-36/45 对四氯萘的贡献超过其他四氯萘单体，五氯萘的最大贡献者则是 CN-52/60，在七氯萘中，CN-74 占主导地位。有文献报道，在燃煤过程中，三氯萘、四氯萘和五氯萘的主要贡献者分别为 CN-17/25、CN-36/35 和 CN-52/60(Lee et al.，2005)，所以燃煤排放可能是造成因子 4 中 PCNs 的原因。因子 4 中，一氯萘对 PCNs 的贡献相对较高，且 Halowax 1031 一氯萘对 PCNs 的贡献也要大于其他单体(Noma et al.，2004；Takasuga et al.，2004)。因此，推测因子 4 可能代表燃煤、Halowax 1031 和其他潜在来源。

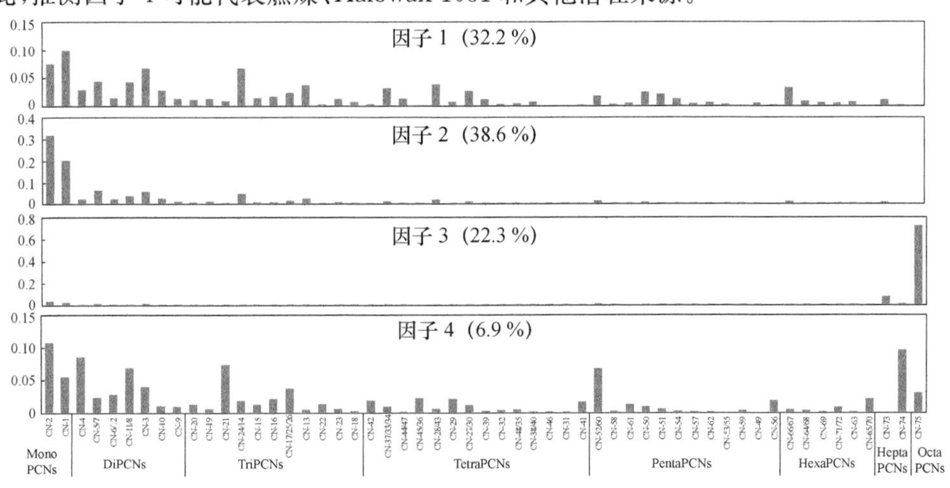

图 4.11　不同来源对综合型工业区周边土壤中 PCNs 贡献的源柱状图

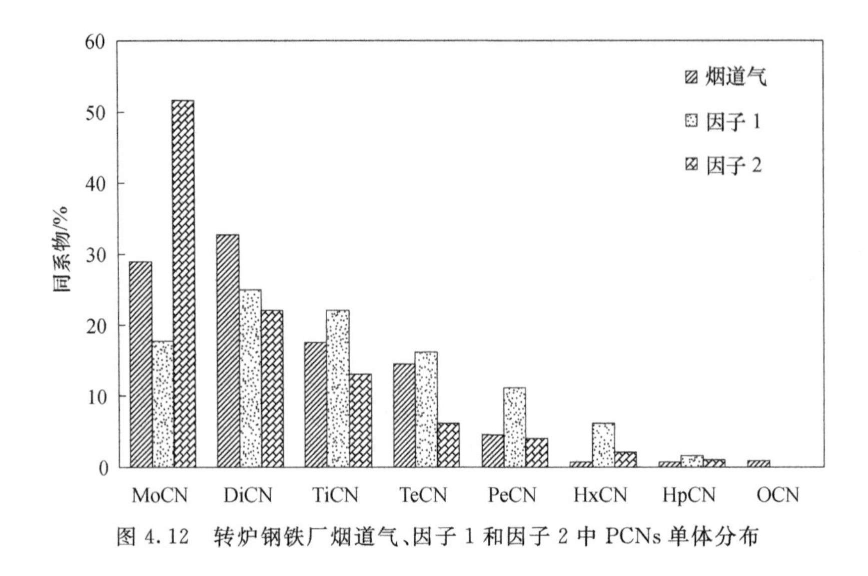

图 4.12　转炉钢铁厂烟道气、因子 1 和因子 2 中 PCNs 单体分布

综上所述，PCA 和 PMF 模型对工业区周边土壤中 PCDD/Fs 和 PCNs 的来源识别结果一致。由分析结果可知，该工业区土壤中 PCDD/Fs 的污染主要源自钢铁冶炼厂的热过程排放。钢铁冶炼厂和水泥窑对土壤中 PCNs 的贡献超过了 70%，且 Halowax 1051 的历史使用对 PCNs 污染也有一定的贡献(22%)。

4.2.5　工业区周边土壤中 PCBs 的来源解析

工业区周边土壤中 id-PCBs 主要以 CB-28 和 CB-52 为主，贡献率分别为 52%和 15%。相关研究报道，PCBs 工业品如 Aroclors 1016、1221、1232、1242 和 1248 中 CB-28 的含量相对较高(Takasuga et al.，2006；Wang et al.，2019)。在一些典型工业热过程中，如钢铁冶炼和水泥生产，CB-28 对 PCBs 浓度也具有较大的贡献(Liu et al.，2016b；Odabasi et al.，2009)。12 种 dl-PCBs 以 CB-77、CB-105 和 CB-118 为主。另一方面，CB-77、CB-105 和 CB-118 在 PCBs 工业品和工业热过程中也具有较高的含量(Alcock et al.，1998；Takasuga et al.，2006；Aries et al.，2006)。在我国，PCBs 工业品早已被禁止生产与使用，但是 PCBs 仍可以在热过程中非故意生成后排放至环境或从含有 PCBs 的废弃物释放至环境中。同时，该工业区内具有多种热处理过程以及可能存在含 PCBs 的废弃物。因此，综合型工业区周边土壤中 PCBs 可能来自于工业热过程的非故意排放和 PCB 工业品的释放。然而，由于工业区热过程类型较多，利用现有 PCBs 数据解析其具体排放源具有一定的难度。所以本节从浓度分布特征出发，对比了整个研究区域内 PCBs 与其他两种化合物的浓度分布特征，发现 PCBs 与 PCDD/Fs 的 TEQ 浓度之间具有显著正相关性(图 4.13)，这说明 PCBs 与 PCDD/Fs 可能具有相同的排放源，那么钢铁冶炼厂的排放对工业区土壤中 PCBs 的污染可能也具有一定影响。

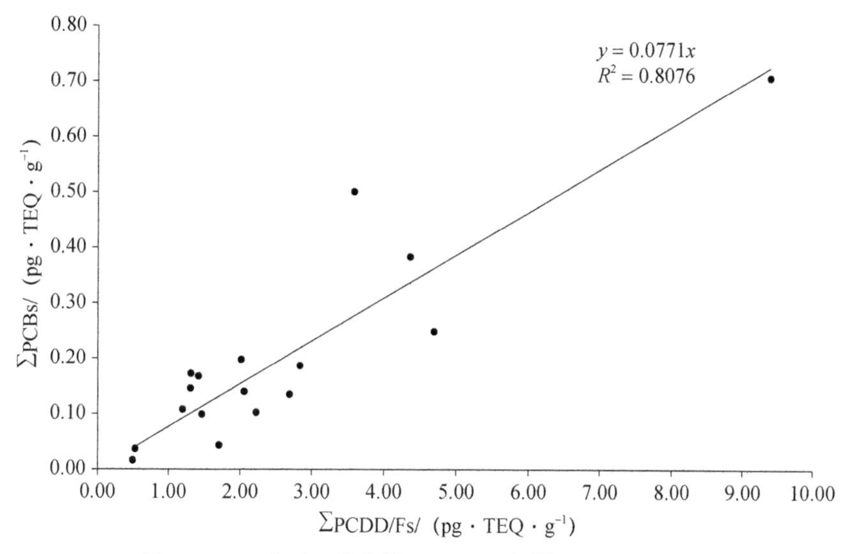

图 4.13　工业区土壤中∑PCDD/Fs 与∑PCBs 的相关性

有趣的是，CB-209 对 PCBs 的总浓度贡献达到了 27%。尽管相关研究表明 CB-209 毒性相对较小(Han et al.，2009)，但它最终可能在环境中降解为毒性更高的低氯同类物(Wang et al.，2010a)。因此，CB-209 的高污染问题值得关注。在环境介质中也曾发现过这种全氯化 PCBs 的存在，Howell 等(2008)在休斯敦航运通道水和沉积物中发现了相对较高水平的 CB-209，Huo 等(2017)在我国巢湖底泥中发现了高含量的 CB-209。迄今为止，鲜有研究关注到 CB-209 的来源。除在 Aroclor 1268 中发现了一小部分 CB-209(5%)外，其他工业品中均未发现 CB-209(Huo et al.，2017；Takasuga et al.，2006)，并且一些典型的热过程及周边环境介质中的 CB-209 的含量也普遍较低(Cetin，2016；Odabasi et al.，2010)。故而，本研究区域中 CB-209 源自工业热过程排放或 PCB 工业品释放的可能性较小。Anezaki 等(2014)曾对不同商业型颜料中 PCBs 的浓度进行了测定，并在商业酞菁型颜料中检出了高浓度的 CB-209(11～2500 ng・g^{-1})，占 PCBs 总浓度的 92%以上。同时，1 家再生造纸厂坐落于研究区域内(图 4.6)，其可能使用酞菁型颜料作为染料。因此，推测在本研究区域中再生造纸厂使用的酞菁型颜料可能对土壤中 CB-209 的污染做出了重要贡献。

4.2.6　工业区周边土壤中二噁英类化合物对人体暴露风险评估

工业区内仅有少数居民呈散居分布，没有明显的居民区域，因此，本节只考虑土壤中二噁英类化合物对户外工人的影响。研究采用 US EPA 推荐的模型，用各样本点∑TEQ 浓度和相关计算公式(详见本书 1.5.1)评价了综合型工业区周边土壤中二噁英类化合物对工人的潜在健康风险。结果显示，综合型工业区周边土壤中 PCDD/Fs、PCNs 和 PCBs 对工人的非致癌风险(no-CR)范围为 7.18×10^{-4}～1.45×10^{-2}，均远低于阈值

(no-CR=1)。图 4.14 为综合型工业区周边土壤中 PCDD/Fs、PCNs 和 PCBs 对工人造成的致癌风险(CR),结果显示,样本 S10、S1、S17 和 S6 具有相对较高的 CR,估算值分别为 4.87×10^{-7}、2.34×10^{-7}、2.30×10^{-7} 和 2.10×10^{-7}。这些污染较重的土壤样本中 PCDD/Fs、PCNs 和 PCBs 对工人造成的致癌风险需更加关注。图 4.14 同时也显示了通过三种途径(皮肤接触、偶然摄入和呼吸吸入)对致癌总暴露风险的贡献。其中,偶然摄入造成的致癌风险最高,贡献率为 86%,其次是皮肤接触(11%)和呼吸吸入(3%)。

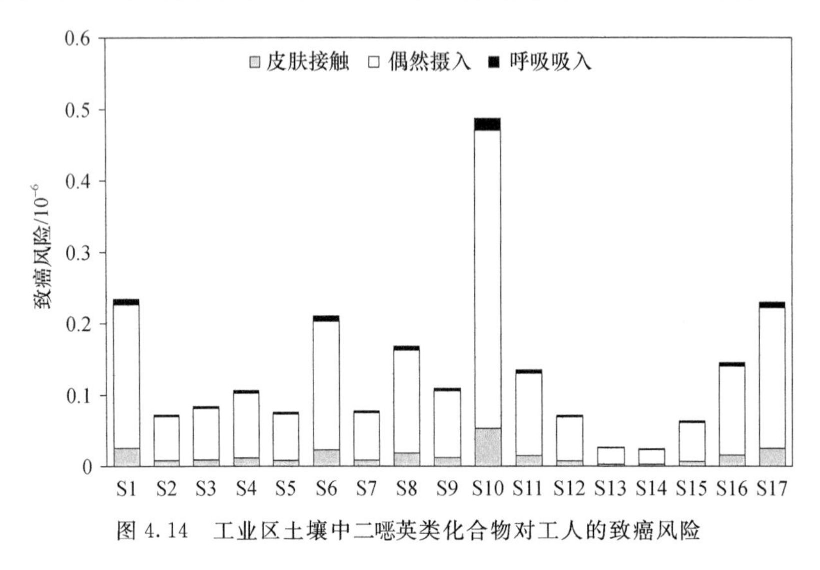

图 4.14 工业区土壤中二噁英类化合物对工人的致癌风险

4.2.7 小结

(1)工业区土壤中 PCDD/Fs、PCNs 和 PCBs 的浓度与其他地区工业源周边土壤中的水平相当。但 CN-75 和 CB-209 的浓度均大于其他地区工业源周边土壤中的水平。

(2)主成分分析和正交矩阵分解模型结果显示,钢铁冶炼厂是综合型工业区周边土壤中 PCDD/Fs 的主要排放源。同时,钢铁冶炼厂和水泥窑对该工业区周边土壤中 PCNs 的贡献超过了 PCNs 总浓度的 70%,且工业品 Halowax 1051 的历史使用也影响了土壤中 PCNs 的浓度。CB-209 是综合型工业区周边土壤中 PCBs 总浓度的重要贡献者。进一步分析发现该工业区周边土壤中高浓度 CB-209 可能源自当地 1 家再生纸厂使用的酞菁型颜料。

(3)样本 S10、S1、S17 和 S6 具有较高的 $\sum$TEQ(PCDD/Fs+PCNs+PCBs)浓度,这些土壤样本中 PCDD/Fs、PCNs 和 PCBs 对工人的总致癌风险为 4.87×10^{-7}、2.34×10^{-7}、2.30×10^{-7} 和 2.10×10^{-7}。因此,该地区土壤中二噁英类化合物的污染应当被持续关注。

4.3 西北锰铁循环经济工业区土壤中二噁英类化合物的污染特征与健康风险评估

4.3.1 样品采集与分析

(1)样品采集

研究的工业区位于我国西北地区，北靠群山，南邻黄河，园区主导风向为西西北—东东南。工业区内建有大型电解锰生产基地，电解金属锰是生产不锈钢等高端产品的重要原料。随着国内对不锈钢、特种钢需求的增加，电解锰越来越多地被应用于钢铁冶炼行业。所以为了节约运输成本、优化产业布局，该工业区同时建有钢铁冶炼厂。同时，当地农业秸秆资源丰富，工业区还建有生物质发电厂，以农业秸秆为主要燃料。此外，为了综合利用工业废渣，工业区内建有水泥窑，可对电解锰渣等工业废渣进行无害化和资源化利用。鉴于此工业区的上述特点，称其为锰铁循环经济工业区。虽然电解金属锰生产过程中不会生成和排放二噁英类污染物，但是工业区内上述钢铁冶炼厂、生物质发电厂和水泥窑均为二噁英等污染物的潜在排放源。

为了解该工业区周边土壤环境中 PCBs、PCNs 和 PCDD/Fs 的污染特征，2017 年 6 月在该工业区周边共采集了 13 份土壤样品(P1～P13)，见图 4.15。其中，P4 位于钢铁冶炼厂附近，P5、P6、P11、P12 位于其下风向。P7～P10 位于水泥窑的下风向，且距三家工厂都较近。P1、P2 和 P3 位于钢铁冶炼厂上风向，且距生物质发电厂和水泥窑较远。此外，除 P1、P2 和 P8 外，其他采样点的土壤类型均为耕地。采集园区以西 25 km 处的耕地土壤样品(P14)作为对照点。

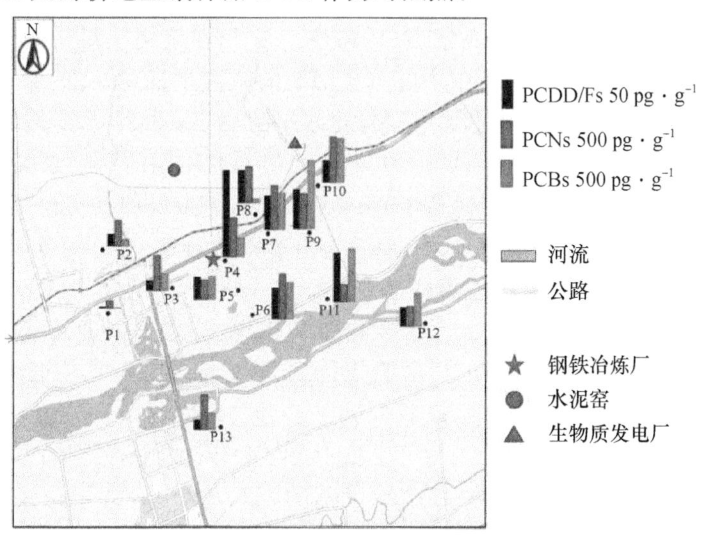

图 4.15　工业区土壤采样点以及 PCNs、PCDD/Fs 和 PCNs 浓度分布图
(图中浓度柱状图从左至右依次为 PCDD/Fs、PCNs 和 PCBs)

(2)样品预处理和分析

土壤样品中二噁英类化合物的预处理和分析方法详见本书 2.2。

(3)质量保证与质量控制

采用同位素稀释法测定土壤样品中目标化合物的含量,PCNs、PCDD/Fs 和 PCBs 的方法检出限浓度范围分别为 0.03~0.20、0.24~0.61 和 0.11~0.79 pg·g^{-1}。每一批实验均设置一个空白样品,并按照与土壤样品相同的步骤进行处理。在空白样品中,一些低氯代的 PCNs 和 PCBs 单体被检测到,但是空白中这些物质的含量都小于样品含量的 5%,因此,未对土壤样品进行扣除空白处理。PCNs、PCDD/Fs 和 PCBs 内标化合物的回收率范围分别为 51%~82%、47%~104%和 49%~80%,满足环境介质中痕量有机污染物的测定要求。

(4)数据统计与分析

主成分分析法和 PMF 模型详见本书 3.1.1,暴露风险评估方法详见本书 1.5.1。

4.3.2 工业区周边土壤中 PCBs、PCNs 和 PCDD/Fs 的水平与分布

工业区周边土壤中 19 种 PCBs 单体总浓度(∑PCBs)范围为 13.2~1240 pg·g^{-1},(平均值为 538 pg·g^{-1}),其中 CB-209 的浓度范围为 n.d.~1120 pg·g^{-1}(平均值 450 pg·g^{-1})。75 种 PCNs 单体总浓度(∑PCNs)范围为 141~832 pg·g^{-1}(平均值 596 pg·g^{-1})。17 种 2378 位取代 PCDD/Fs 单体总浓度(∑PCDD/Fs)范围为 3.60~156 pg·g^{-1}(平均值 53.5 pg·g^{-1})。背景点∑PCBs 的浓度为 172 pg·g^{-1}(CB-209 为 99.3 pg·g^{-1}),∑PCNs 和∑PCDD/Fs 的浓度分别为 11.4 和 6.92 pg·g^{-1}。工业区周边土壤中 PCNs、PCDD/Fs和 PCBs 的浓度空间分布如图 4.15 所示。由图 4.15 可知,距离钢铁冶炼厂最近的 P4 土壤样品中 PCDD/Fs 的浓度水平最高(156 pg·g^{-1})。而 PCBs 的最高浓度(1240 pg·g^{-1})在采集于耕地的 P9 样品中被检测到,非耕地采样点土壤样品中 P1、P2 和 P8 的浓度最低(13.2~139 pg·g^{-1})。此外,在 P4、P6~P10 样品中均发现较高浓度水平的 PCNs(638~832 pg·g^{-1})。这表明工业区周边土壤中 PCNs、PCDD/Fs 和 PCBs 可能具有不同的污染来源。有趣的是,非耕地采样点 P1、P2 和 P8 土壤样品中 CB-209 的浓度(13.2~139 pg·g^{-1})远低于耕地土壤样品(319~1240 pg·g^{-1}),这表明耕地土壤样品中 CB-209 可能具有特定的来源。位于钢铁冶炼厂下风向的土壤样品 P5(41.4 pg·g^{-1})、P6(57.1 pg·g^{-1})、P11(88.7 pg·g^{-1})、P12(34.0 pg·g^{-1})和距离其较近的 P7(61.3 pg·g^{-1})、P8(59.0 pg·g^{-1})、P9(71.0 pg·g^{-1})中 PCDD/Fs 的浓度要大于其在钢铁冶炼厂上风向的土壤样品 P1(22.9 pg·g^{-1})、P2(3.60 pg·g^{-1})和 P3(18.3 pg·g^{-1})中的浓度,这表明钢铁冶炼厂可能是该工业区土壤中 PCDD/Fs 的主要排放源。

工业区周边土壤中 PCBs 的 TEQ 浓度范围为 0.004~0.27 pg·g^{-1},平均值为 0.05 pg·g^{-1}。PCNs 的 TEQ 浓度范围为 0.02~0.38 pg·g^{-1},平均值为 0.11 pg·g^{-1}。PCDD/Fs 的 TEQ 浓度范围为 0.14~1.51 pg·g^{-1},平均值为 0.56 pg·g^{-1}。TEQ

总浓度(PCDD/Fs+PCBs+PCNs)范围为 0.20～1.90 pg·g^{-1},平均值为 0.723 pg·g^{-1}。PCDD/Fs 是工业区周边土壤中三类污染物 TEQ 总浓度最主要的贡献者(78%)。此外,PCNs 对 TEQ 总浓度的贡献(15%)要大于 PCBs 的贡献(7%)。

本节将工业区周边土壤中 PCNs、PCDD/Fs 和 PCBs 的浓度与表 4.3 列出的国内外其他研究进行对比。工业区周边土壤中 PCNs 的浓度低于我国东部综合某工业区(4.1.2),与土耳其 Hatay-Iskenderun 和 Aliaga 地区的工业区土壤中 PCNs 浓度相当(Odabasi et al., 2010, 2017),但要大于西班牙某化工/石化厂周边土壤中的 PCNs 浓度(Nadal et al., 2007)。工业区周边土壤中 PCDD/Fs 的浓度与我国北方两家市政生活垃圾焚烧厂(Meng et al., 2016)、某钢铁冶炼厂(Zhou et al., 2018)和东部某工业区周边土壤中 PCDD/Fs 的浓度(4.1.2)相当,低于我国东南地区某工业区(Zhang et al., 2009)。工业区土壤中 PCBs 浓度水平与我国某市政生活垃圾焚烧厂(Liu et al., 2013b)、某铁矿石烧结厂(廖晓等, 2015)和某工业区(Wu et al., 2018)周边土壤中的 PCBs 浓度相当,低于土耳其 Dilovasi 和 Hatay-Iskenderun 地区的工业区周边土壤中 PCBs 的浓度(Cetin, 2016; Odabasi et al., 2010)。从以上比较可以看出,本研究工业区周边土壤中 PCNs、PCDD/Fs 和 PCBs 的浓度水平整体上与其在我国经济发达地区工业区的含量相当。

4.3.3 工业区周边土壤中 PCBs、PCNs 和 PCDD/Fs 的单体分布特征及来源解析

(1)PCBs

工业区周边土壤中 PCBs 单体分布特征如图 4.16(a)所示,由图中可看出,P1、P2 和 P8 样品中 PCBs 单体组成与其他样品间存在明显差异。在 P1、P2 和 P8 三个样品中 CB-28 是主要贡献单体(41%～47%),而在其他样品中 CB-209 是最主要的贡献单体(61%～96%),其对 $\sum$PCBs 的贡献率要远大于 dl-PCBs(0.64%～3.6%)和指示性 PCBs(id-PCBs)(3.7%～36%)。对于 id-PCBs,CB-28 的平均贡献率达到了 62%。对 dl-PCBs 贡献较大的三种单体分别为 CB-118(33%)、CB-77(21%)和 CB-105(16%)。总体上,锰铁循环经济工业区周边土壤样品中 CB-209 对 PCBs 总浓度的平均贡献率接近 85%,且 CB-209 单体浓度要普遍大于其他地区工业源周边土壤中 CB-209 的浓度。此外,背景样品中 CB-209 单体对 PCBs 总浓度的占比也接近 60%。在环境介质中也曾发现这种全氯化 PCBs 的存在,Howell 等(2008)在休斯敦航运通道水和沉积物中发现了相对较高水平的 CB-209,Huo 等(2017)在我国巢湖底泥中发现高水平的 CB-209。

正如本章 4.2.5 所分析,高浓度的 CB-209 源自工业热过程排放或 PCB 工业品释放的可能性较小,更可能源自商业酞菁型颜料的使用。我国西北地区纺织工业发达,且当地曾有众多工艺落后的造纸生产车间(居新宇, 2016; 杨慧玉等, 1996)。同时,值得注意的是,检出高浓度 CB-209 的土壤类型均为耕地。西北地区干旱少雨,耕地一般需要通过灌渠引水进行浇灌。所以,推测富含 CB-209 的工业废水可能曾经随灌渠迁移至工业区周边,经浇灌从而在土壤中积累,但是进一步研究有待开展。

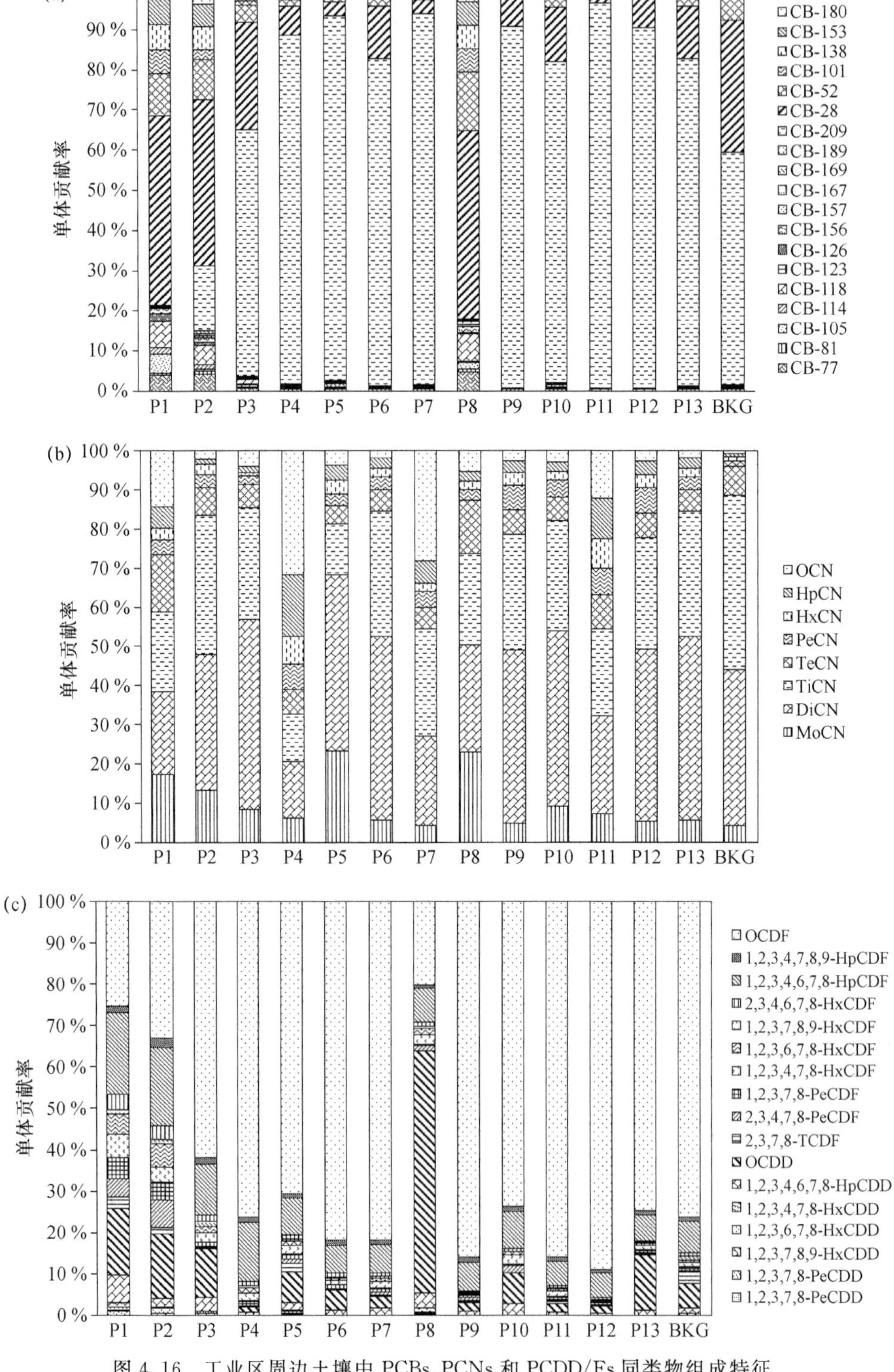

图 4.16 工业区周边土壤中 PCBs、PCNs 和 PCDD/Fs 同类物组成特征

(2)PCNs

工业区周边土壤中不同氯代 PCNs 的同系物分布特征如图 4.16(b)所示。整体而言,二氯萘和三氯萘在大部分样品中占比较高,平均贡献率为 60%。在样品 P1、P4、P7 和 P11 中,八氯萘(CN-75)占比较高,贡献率为 12%~32%,是主要的 PCNs 贡献单体。以上结果表明,该工业区周边土壤中可能存在不同的 PCNs 排放源。在背景样品中,二氯萘和三氯萘对总 PCNs 浓度的贡献率超过了 80%。

首先运用 PCA 对工业区周边土壤中 PCNs 的来源进行解析。在 PCA 分析中,分析对象包括工业区周边土壤样本,五座转炉钢铁厂(CS-1~CS-5)和水泥窑烟道气样本,工业品 Halowax 1000、1001、1013、1031、1051 和 1099,工业品 PCB 3 (Li et al., 2014b; Noma et al., 2004; Huang et al., 2015; Hu et al., 2013b)。

图 4.17 显示了 PCNs 的 PCA 分析结果,Component 1 和 2 的累积贡献率为 65%,土壤样本可归类为 3 组(组Ⅰ、组Ⅱ和组Ⅲ)。9 份土壤样本(P2、P3、P5、P6、P8、P9、P10、P12 和 P13)位于组Ⅰ内,同时四座转炉炼钢厂(CS-2、CS-3、CS-4 和 CS-5)、水泥窑和部分工业品(Halowax 1000、1031 和 1001)位于组Ⅰ内,且这些样品点均是以低氯代 PCNs 为主。此外,样品 P1、P11 和 P7 位于组Ⅱ内,且位置与组Ⅰ接近。组Ⅲ内的样品点(P4 和 Halowax 1051)以八氯萘为主。PCA 结果表明,该工业区周边土壤中 PCNs 可能受钢铁冶炼厂和 PCN 工业产品的影响。

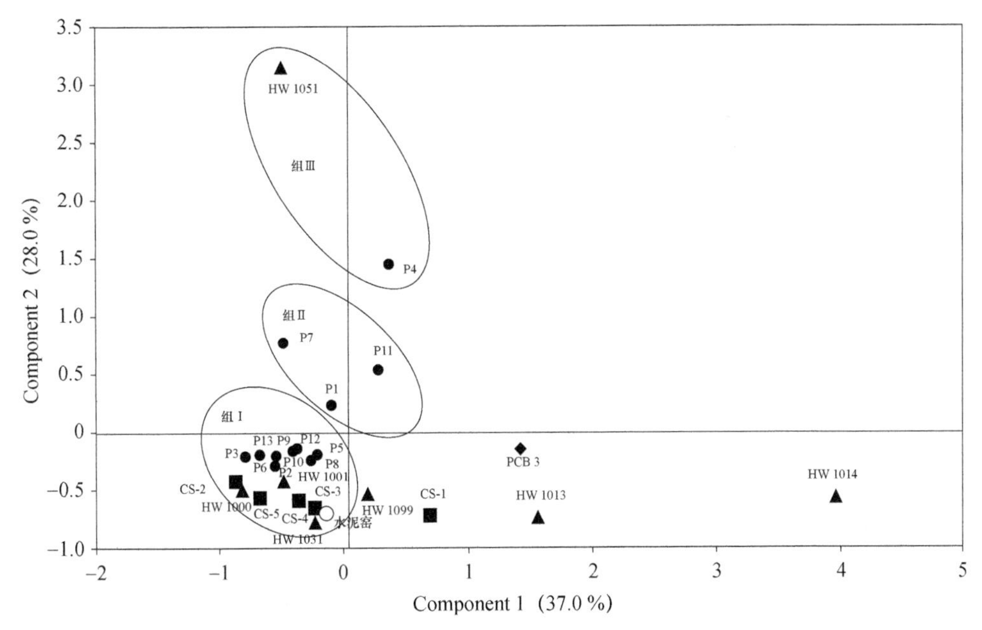

图 4.17　工业区周边土壤样本、工业品和工业热排放源烟道气中 PCNs 的主成分分析图

虽然 PCA 分析得到了工业区周边土壤中 PCNs 的可能主要来源,但是没有获得工业区中这些排放源的具体贡献率。所以,本节运用 PMF 模型对工业区周边土壤

中 PCNs 的来源进行进一步的解析。PMF 解析出了 3 类 PCNs 排放源及其贡献率（图 4.18）。其中，因子 1 和 2 的贡献率总和超过了 70%，且均以低氯代 PCNs 为主。因子 1 以二氯萘和三氯萘为主；除二氯萘和三萘外，一氯萘在因子 2 中占比也较高。同时，部分热相关单体在因子 1 和 2 中均被检测到，表明因子 1 和 2 可能代表了工业热过程的排放。在因子 1 中，单体 CN-5/7 和 CN-24/14 对 $\sum$PCNs 的贡献要大于其他单体（图 4.18）。有研究表明，CN-24/14 可作为煤和木材燃烧指示物，表明因子 1 可能代表了煤和木材的燃烧（Dong et al.，2013；Li et al.，2016）。同时，工业区内有一座生物质发电厂，其燃料主要为当地农业秸秆等生物质燃料，并且距离生物质发电厂最近的采样点 P10 处的 PCNs 浓度相较于其他采样点处于最高水平（图 4.15），因此，推测因子 1 代表生物质发电厂。因子 2 和转炉钢铁厂烟道气中 PCNs 的同系物分布对比结果显示（图 4.19），因子 2 与转炉钢铁厂烟道气中的 PCNs 的同系物分布特征相似。考虑到研究区域中有钢铁冶炼厂，因此，确定因子 2 代表了钢铁冶炼厂的贡献。因子 3 的贡献率为 19.5%，单体 CN-75 占比达到了 40%，远大于其他单体的贡献率。进一步的分析表明，因子 3 的 PCNs 单体分布与工业品 Halowax 1051 相似（Noma et al.，2004；Li et al.，2014a）。因此，高占比的 CN-75 可能与工业品 Halowax 1051 的使用有关。此外，单体 CN-73、CN-5/7、CN-24/14、CN-66/67 和 CN-74 等均有检出，所以可能还存在其他排放源。

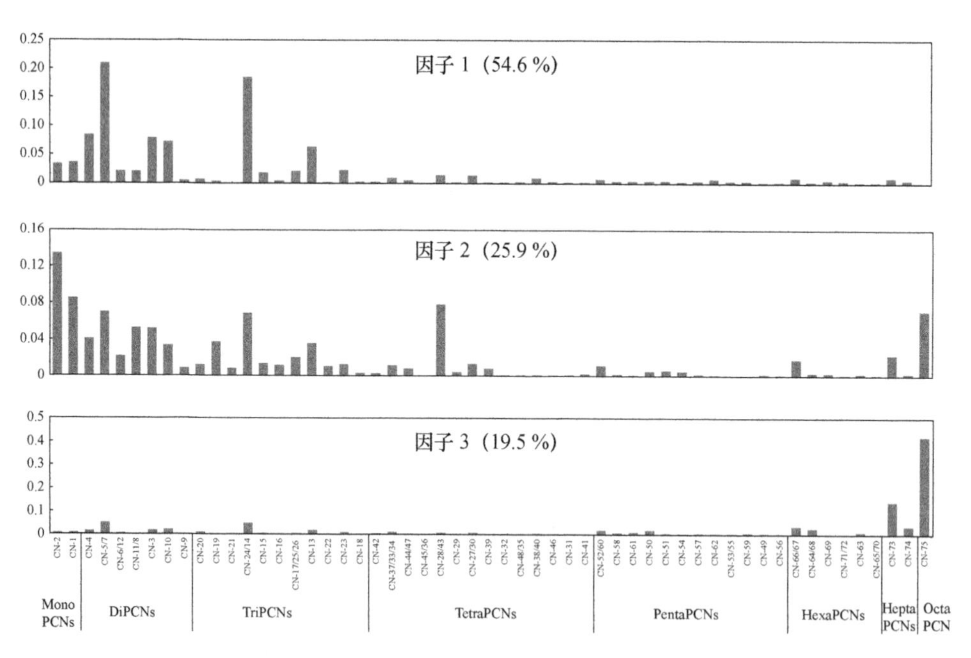

图 4.18 不同来源对锰铁循环经济工业区周边土壤中 PCNs 贡献的源柱状图

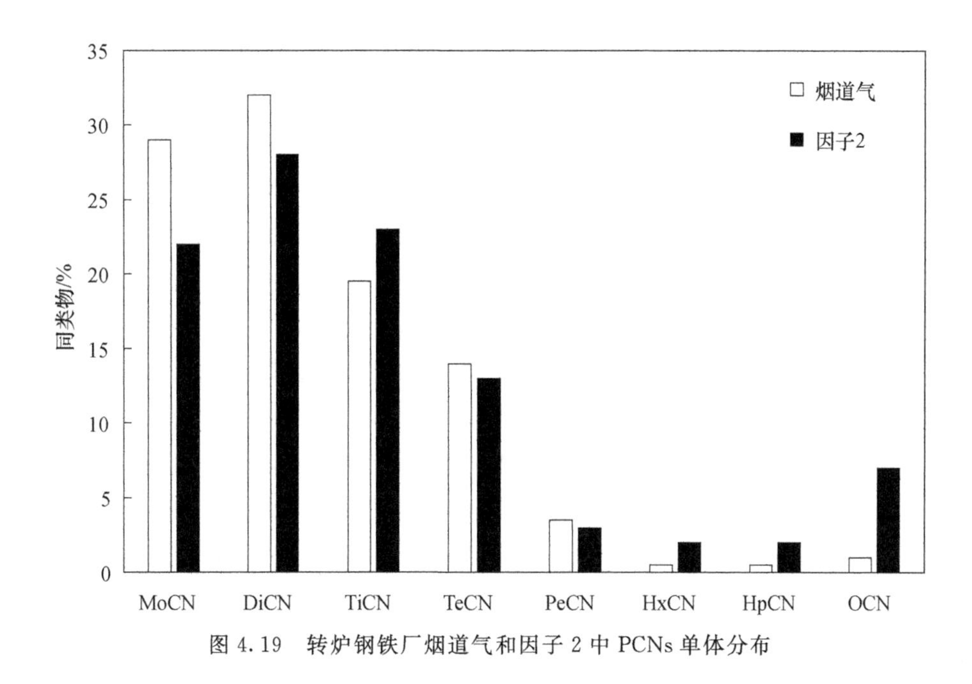

图 4.19　转炉钢铁厂烟道气和因子 2 中 PCNs 单体分布

(3)PCDD/Fs

图 4.16(c)为工业区周边土壤中 PCDD/Fs 的单体分布，在大部分样品中(除 P1、P2 和 P8 外)，OCDF 是最主要的单体，占 PCDD/Fs 总含量的 62%～89%。样品 P1 和 P2 中 OCDF 和 1,2,3,4,6,7,8-HpCDFs 为主要单体，两种单体在 P1 和 P2 中的总占比分别为 45%和 50%。与其他样品不同，样品 P8 主要以 OCDD 为主要贡献单体，占比接近 60%。背景点中 OCDF 的占比为 75%。总体而言，除样品 P8 外，土壤样品中 $\sum$PCDFs 与 $\sum$PCDDs 的比值均大于 1，表明该工业区周边土壤中 PCDD/Fs 的排放主要受热过程影响。

锰铁循环经济工业区周边土壤样品和已知工业热排放源烟道气中 PCDD/Fs 主成分分析结果如图 4.20 所示，Component 1 和 2 的累积贡献率为 73.6%。HpCDF 占比较高的样本点集中在 Component 1 的负方向，而以低氯代 PCDD/Fs (TCDF、PeCDF、TCDD 和 PeCDD)为主的样本点主要集中在正方向。位于 Component 2 负方向的样本点主要以高氯代 PCDD/Fs(OCDF 和 OCDD)为主，其他 PCDD/Fs 的单体在位于正方向的样本中占比较高。由图 4.20 的分析可知，Group Ⅰ内共有 11 份土壤样本(P3～P13)和 3 座转炉炼钢烟道气样本(CS-2、CS-4 和 CS-5)，而样本 P1、P2 和 CS-1 位于 Group Ⅱ内。除 SeAl-1 外，其他烟道气样本均远离土壤样本点。PCA 结果表明，转炉钢铁厂比其他工业热排放源对样品的贡献更大，钢铁冶炼厂是锰铁循环经济工业区周边土壤中 PCDD/Fs 的主要排放源。

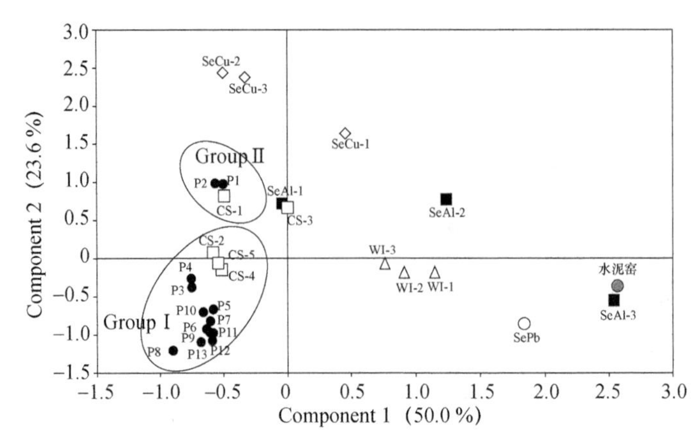

图 4.20　工业区周边土壤样品和工业热排放源烟道气中 PCDD/Fs 主成分分析图

4.3.4　工业区周边土壤中 PCBs、PCNs 和 PCDD/Fs 对人类暴露风险评估

基于土壤中 PCBs、PCNs 和 PCDD/Fs 的 TEQ 浓度，按照本书 1.5.1 列出的方法评估工业区周边土壤中 PCNs、PCDD/Fs 和 PCBs 对工人的健康风险，结果显示三类污染物的总致癌风险($0.009\times10^{-6}\sim0.088\times10^{-6}$)和总非致癌风险(0.0003～0.026)均低于阈值(致癌风险：10^{-6}，非致癌风险：1)。风险评估结果表明，在皮肤接触、偶然摄入和呼吸吸入三种暴露途径中，偶然摄入对致癌风险的贡献率最高(86%)，是工人暴露工业区周边土壤中 PCNs、PCDD/Fs 和 PCBs 的最主要途径(图 4.21)。工业区土壤中三类化合物对工人的致癌风险要小于我国东部综合典型工业区(平均值 0.24×10^{-6})和西北典型综合型工业区(平均值 0.14×10^{-6})，这可能与该工业区周边土壤受二噁英类化合物污染时间短有关。但考虑到土壤对二噁英类化合物的累积效应，工业区土壤中二噁英类化合物对工人的致癌风险应被持续关注。此外，在三类污染物中，PCDD/Fs 对总致癌风险(PCNs＋PCDD/Fs＋PCNs)的贡献率最高(76%)，其次为 PCNs(16%)，最后为 PCBs(8%)。

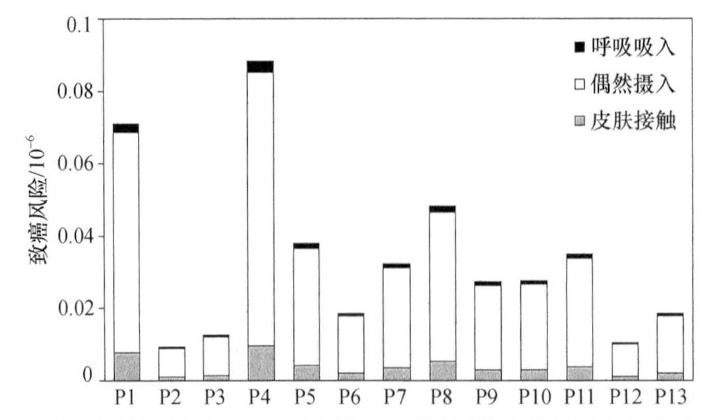

图 4.21　不同途径下工人暴露土壤中二噁英类化合物的致癌风险分布

4.3.5 小结

(1)锰铁循环经济工业区土壤中PCNs、PCDD/Fs和PCBs的浓度整体上与其在我国经济发达地区工业区的含量相当。但单体CB-209的浓度要远大于其他地区工业源周边土壤中CB-209的浓度。

(2)源解析结果表明生物质发电厂和钢铁冶炼厂对土壤中PCNs的浓度贡献率分别为54.6%和25.9%，Halowax1051的历史使用和其他潜在排放源也有一定的贡献；工业区周边土壤中PCDD/Fs的浓度主要来源于园区内的钢铁冶炼厂。CB-209对该工业区土壤中PCBs总浓度的平均占比接近85%，其可能来源于历史上当地纺织行业或者造纸行业对酞菁型颜料的使用。

(3)工业区周边土壤中二噁英类化合物对工人的致癌和非致癌风险均低于参考阈值。考虑到该工业区受二噁英类化合物污染时间短及二噁英类化合物在土壤中的累积效应，工业区土壤中二噁英类化合物对工人的致癌风险应被持续关注。

4.4 青藏高原东北边缘处典型工业区大气中二噁英类化合物的污染特征

青藏高原是我国最大、世界海拔最高的高原，覆盖了我国西藏自治区的大部分地区和青海省的西部地区。青藏高原平均海拔超过4500 m，被称为“世界屋脊”或“第三极”。由于蚂蚱跳效应，持久性有机污染物(Persistent Organic Pollutants，POPs)可以从温暖地区向青藏高原迁移。一些研究已经报道了青藏高原不同地区土壤中的POPs污染水平，如青藏高原东部的卧龙高山地区(PCDD/Fs、PCNs和dl-PCBs)，青藏高原南部的拉萨和日喀则(PCDD/Fs和PCBs)，以及青藏高原北部青海湖周边环境(一氯至八氯代PCDD/Fs)(Pan et al.，2013；Tian et al.，2014b；Han et al.，2016；Wu et al.，2016)。少数几个研究对青藏高原环境大气中POPs的污染进行了调查，其中包括色季拉山(有机氯农药、PCBs、多溴二苯醚和六溴环十二烷)和靠近纳木措湖的环境背景站(有机氯农药、PCBs和多环芳烃)(Zhu et al.，2014；Xiao et al.，2010；Ren et al.，2014)。然而，到目前为止，尚未见有关青藏高原环境大气中PCDD/Fs和PCNs浓度的报道。

本节以某家地处青藏高原东北边缘处的工业园区为研究对象。几家二噁英类化合物的潜在排放源分布于该工业园区内，包括再生铝冶炼厂(SeAl)、水泥窑和铅锌冶炼厂。由于尚未有研究报道青藏高原边缘处工业园区环境中二噁英化合物的污染状况，本节首先测定了工业园区环境空气中的PCDD/F、PCN和dl-PCB浓度。通过对比工业区环境中二噁英类化合物与其在已报道相关工业热排放源烟道气中的组成特征，进而初步分析工业区环境中这些化合物的来源。研究结果可以为鉴别青藏高原环境中二噁英类化合物的来源提供数据支持——周边工业区的无意排放或远距离迁移。

4.4.1 样品采集与分析

(1)样品采集

该工业园区位于青藏高原东北边缘处一个干涸的河谷中,距离青海湖约 70 km(图 4.22)。该工业园区占地约 10 km^2,成立于 2002 年,此后园区内陆续建起了各类工厂。工业园区内分布了 3 家二噁英类化合物的潜在工业热排放源:再生铝冶炼厂(位于园区南部)、水泥窑(位于园区北部)和铅锌冶炼厂(位于园区中部)(图 4.22)。工业区南部的主导风向为西南风,但由于山谷的特点,工业区北部的主导风向为北风。工业区周围山体多,平均风速<2 $m \cdot s^{-1}$。使用 PUF 被动空气采样器在工业园区内和背景点采集环境空气样本。在工业园区内收集了 5 份空气样本,根据潜在二噁英类化合物热排放源的位置和盛行风向选定这些样本的布设位置。在铅锌冶炼厂附近采集了样品 A、B 和 C;在工业园区中部采集了样品 D 和 E,其位于再生铝冶炼厂的下风向。在工业园以北约 30 km 的农村地区采集了 1 份环境空气样本,用作背景样本(图 4.22)。采样时间为 69 d(2015 年 2—4 月)。使用前,每个 PUF 先用水冲洗(直径:14 cm,厚:1.35 cm),再用丙酮于索氏提取装置中提取 12 h,用铝箔包裹,并放入密封的聚乙烯袋中。采样结束后,将每个 PUF 包裹在铝箔中,放入密封袋中,运输至实验室,并在−18 ℃下储存,直至分析。

图 4.22 工业区大气样品采集点分布图

(2)样品预处理和分析

大气被动样品加入$^{13}C_{12}$-PCDD/Fs、$^{13}C_{12}$-PCBs 和$^{13}C_{10}$-PCNs 内标，运用加速溶剂萃取法提取，提取溶剂为正己烷：二氯甲烷(1：1)，提取温度 100 ℃，压力 1500 psi，静态提取 5 min，反复提取两次。样品净化和测定方法详见本书 2.2。

(3)质量保证与质量控制

运用同位素稀释法测定大气样本中 17 种 2,3,7,8-取代 PCDD/Fs 单体、三氯代至八氯代 PCNs 单体和 12 种 dl-PCBs 单体。大气样品中 PCDD/Fs、PCNs 和 dl-PCBs 内标回收率分别为 56%～116%、51%～98%和 48%～109%。PCDD/Fs、PCNs 和 dl-PCB 检出限分别为 8.1～75、3.4～21 和 32～84 fg・m^{-3}。该方法空白样品中检测到一些低氯代 PCNs 单体(其处理方法与大气样品相同)，但其含量均小于空气样品中的 5%，因此，样品中 PCNs 含量未进行空白校正。

4.4.2　工业区大气样品中 PCDD/Fs、PCNs 和 dl-PCBs 的浓度与分布

根据 PUF 样本中目标化合物的质量和采样体积(按 3.5 m^3・d^{-1}估算)计算，得到大气样本中的 PCDD/Fs、PCNs 和 dl-PCBs 浓度(Mari et al.，2008；Zhang et al.，2013；Hogarh et al.，2012；Hu et al.，2014)。工业园区大气样本中 PCDD/Fs 浓度范围为 1.18～2.18 pg・m^{-3}(平均 1.57 pg・m^{-3})，WHO-TEQ2005 浓度为 113～242 fg・m^{-3}(平均 166 fg・m^{-3})(表 4.4)。大量研究报道了我国东部经济发达地区工业区环境空气中 PCDD/Fs 的浓度。Li 等(2010)测定了中国东北某钢铁厂周围环境空气中 PCDD/Fs 的浓度为 3～247 fg・WHO-TEQ2005・m^{-3}(平均 81 fg・WHO-TEQ2005・m^{-3})。Die 等(2015)报告了我国上海工业区周边大气中 PCDD/Fs 的浓度为 9.28～423 fg・WHO-TEQ2005・m^{-3}(平均 88.9 fg・WHO-TEQ2005・m^{-3})。Gao 等(2014)调查了某城市固体废物焚烧炉(MSWI)周边环境空气中 PCDD/Fs 的浓度为 18.5～103 fg・WHO-TEQ2005・m^{-3}(平均 52.8 fg・WHO-TEQ2005・m^{-3})。青藏高原边缘处工业园区 PCDD/Fs 浓度与上述研究结果相当。因此，本研究区域大气中 PCDD/Fs 水平与其他地区工业区大气中 PCDD/Fs 的水平相当。

表 4.4　工业园区和背景点大气样本中 PCDD/Fs、PCNs 和 dl-PCBs 的浓度

	∑单体/(pg・m^{-3})			∑TEQ/(fg・m^{-3})		
	2,3,7,8-PCDD/Fs	PCNs[a]	dl-PCBs	PCDD/Fs	PCNs	dl-PCBs
A	2.18	75.1	0.90	242	5.06	7.12
B	1.48	21.9	0.75	172	1.85	5.05
C	1.68	53.8	0.80	189	3.27	5.47
D	1.35	39.0	0.69	113	4.79	4.31
E	1.18	39.5	0.49	116	3.57	3.18
BKG	0.13	9.32	0.16	9.53	0.40	0.74

注：a 指三氯至八氯代 PCNs。

工业园区环境空气中 PCNs 总浓度(三氯至八氯萘)为 21.9～75.1 pg·m^{-3}(平均 45.9 pg·m^{-3})。本研究区域青藏高原边缘处工业园区大气中 PCNs 的浓度与上海工业区周边大气中 PCNs 浓度相当(一氯至八氯萘平均浓度 49.3 pg·m^{-3}),但高于 MSWI 周边大气中四氯至八氯萘的浓度(6.00 pg·m^{-3})(Xue et al., 2016; Vilavert et al., 2014)。青藏高原边缘处工业园区的四氯至八氯萘总浓度为 21.5pg·m^{-3}。工业园区大气中 PCNs 的 TEQ 浓度为 1.85～5.06 fg·m^{-3}。

工业园区环境空气中 dl-PCBs 的浓度为 0.49～0.90 pg·m^{-3}(平均 0.73 pg·m^{-3}),WHO-TEQ2005 浓度为 3.18～7.12 fg·m^{-3}(平均 5.03 fg·m^{-3})。少数研究报道了 MSWI 和钢铁厂周边环境空气中 dl-PCBs 的浓度。Li 等(2010)调查了东北某钢铁厂周边大气中 dl-PCBs 的浓度为 1～18 fg·WHO-TEQ2005·m^{-3}(平均 5 fg·WHO-TEQ2005·m^{-3})。Wang 等(2010b)报道了 1 家 MSWI 附近环境空气中 dl-PCBs 的浓度为 4.66～8.81 fg·WHO-TEQ1998·m^{-3}(平均 6.74 fg·WHO-TEQ1998·m^{-3})。Vilavert 等(2014)利用被动大气采样装置测定了西班牙塔拉戈纳 MSWI 附近大气 dl-PCBs 的浓度为 0.37～0.93 fg·WHO-TEQ2005·m^{-3}(平均 0.85 fg·WHO-TEQ2005·m^{-3})。本研究工业园区大气中 dl-PCBs 的浓度与 Li 等(2010)和 Wang 等(2010b)报道的浓度相当,但高于 Vilavert 等(2014)报道的浓度。

背景点环境大气中 PCDD/Fs、PCNs 和 dl-PCBs 浓度分别为 0.13 pg·m^{-3}(9.53 fg·WHO-TEQ2005·m^{-3})、9.32 pg·m^{-3}(0.40 fg·TEQ·m^{-3})和 0.16 pg·m^{-3}(0.74 fg·WHO-TEQ2005·m^{-3})。少数研究报道过青藏高原环境大气中的多氯联苯的浓度水平,如纳木措湖附近的大气背景站(56 种 PCBs 单体总浓度为 0.01～2.6 pg/m^3),色季拉山(25 种 PCBs 单体总浓度为 0.86 pg·m^{-3})和青藏高原东南山区(6 种 PCBs 单体总浓度为 0.1～9.5 pg·m^{-3})(Xiao et al., 2010; Zhu et al., 2014; Ren et al., 2014)。然而,青藏高原环境空气中 PCDD/Fs 和 PCNs 浓度尚未见报道。一些研究报道了偏远地区环境空气中 PCDD/Fs 的浓度,包括西班牙的 7 个背景点(2.18～19.1 fg·WHO-TEQ2005·m^{-3},平均 5.22 fg·WHO-TEQ2005·m^{-3})和台湾中部的鹿林山(0.71～3.41 fg·I-TEQ·m^{-3})(Muñoz-Arnanz et al., 2018; Chi et al., 2010)。北极地区环境背景监测站环境空气中 PCNs 的浓度已被测定和报道,包括 Dunai 岛(平均浓度 0.84 pg·m^{-3})和预警采样站(平均浓度 3.5 pg·m^{-3})(Harner et al., 1998)。本研究背景点环境空气中 PCDD/Fs、PCNs 和 dl-PCBs 的浓度与在其他研究偏远地区发现的浓度水平相当。

工业园区环境空气中的 PCDD/Fs、PCNs 和 dl-PCBs 的浓度与其他工业区环境空气中的浓度相当,但明显高于偏远地区的浓度。本节使用 HYSPLIT 模型和 GDAS 气象数据(1 度,全球,2006 年至今)对工业园区不同高度(500、1000、3000 m)的气团进行了 3 d(72 h)的前向轨迹分析(Stein et al., 2015; Rolph et al., 2017)。虽然 3000 m 处的两条传输路径从工业园区向东移动,但其余的传输路径均从青藏高原东北部向西和向南延伸(图 4.23)。这一结果表明,工业园区排放的二噁英类化合物可以随气团向传输至青藏高原东北部的深处。长距离大气输送和大气沉降通常被认为是青藏高原环境中这些 POPs 的主要来源(Pan et al.，2013；Tian et al.，2014b；Han et al.，2016)。然而，在评估青藏高原东北部这些 POPs 的来源时，还应考虑青藏高原周边的一些本地来源。

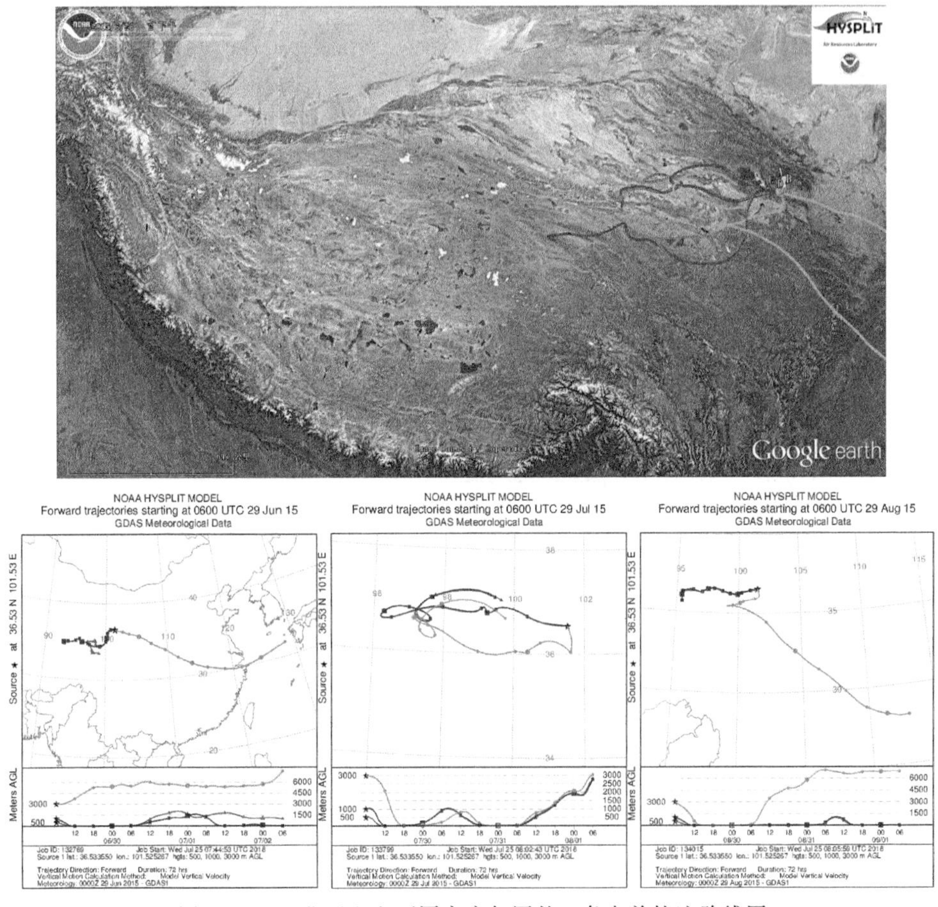

图 4.23　工业区上空不同高度气团的 9 条向前轨迹路线图

4.4.3　PCDD/Fs、PCNs 和 dl-PCBs 同类物的组成特征与来源解析

工业园区各环境空气样本中目标化合物的同类物组成特征相似(图 4.24)，虽然样本 A 和 B 采集于铅锌冶炼厂附近，样本 D 和 E 采集于再生铝冶炼厂附近。这可能主要是由于河谷地形、风速和工业园区的主导风向造成的(详见本书 4.4.1)。由于山谷地形，从这三个潜在工业热过程排放的 PCDD/Fs、PCNs 和 dl-PCBs 会在相当长的时间内悬浮在河谷大气中，从而受到河谷内空气流动的影响。图 4.25 显示了工业园区和背景点环境空气中四氯至八氯代 PCDD/Fs、三氯至八氯代 PCNs 和四氯至七氯代 PCBs 同

类物的组成分布。低氯代 PCDD/Fs、PCNs 和 PCBs 是工业园区环境空气中含量最丰富的同类物。PCDD/Fs 的主要同类物是四氯和五氯代 PCDFs，分别占总 PCDD/Fs 浓度的 27%和 24%。PCNs 的主要同类物为三氯萘和四氯萘，分别占 PCNs 总浓度的 53%和 32%。PCBs 主要同类物是四氯联苯和五氯联苯，它们分别占 PCBs 总浓度的 39%和 48%。与工业园区相比，背景点样本中低氯代 PCDD/Fs(四氯)、PCBs(五氯)和 PCNs(三氯)对其总浓度的贡献较大(图 4.25)。氯化度较低的二噁英类化合物同类物的饱和蒸气压低于氯化度较高的同类物，因此，低氯代同类物比高氯代同类物更有可能从排放源随大气迁移而被输送到偏远地区。此外，不同氯代同类物自身物理化学性质的不同也可能使二噁英类化合物同类物分布特征产生差异。

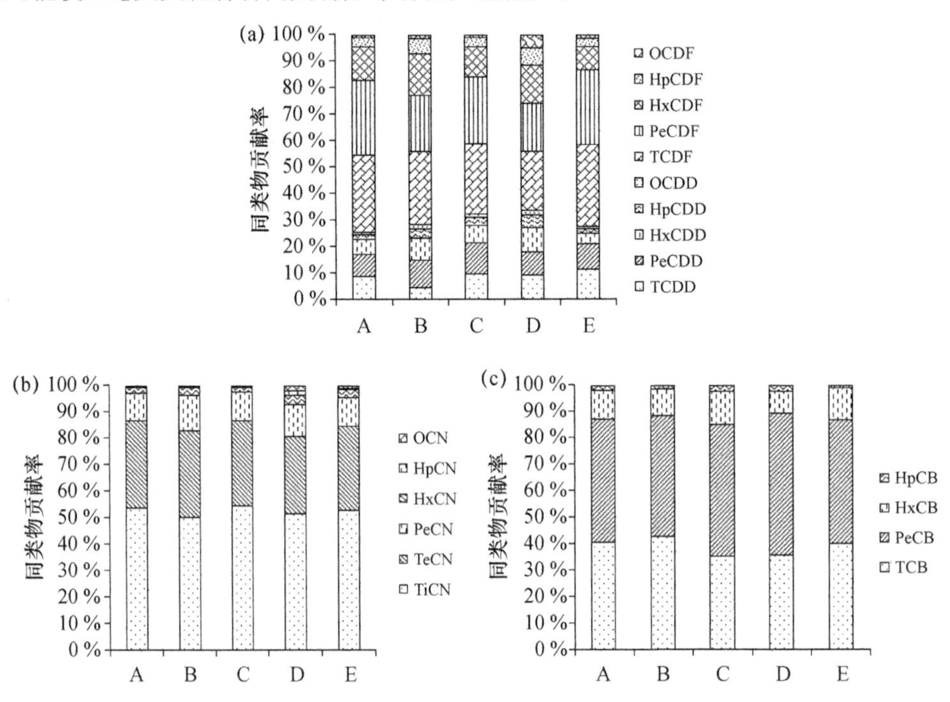

图 4.24　工业区大气样本中 PCDD/Fs、PCNs 和 PCBs 同类物的组成特征

(1)PCDD/Fs

PCDDs 和 PCDFs 同类物对工业园区环境空气中 PCDD/Fs 总浓度的贡献率随着氯化程度的增加而降低[图 4.25(a)]。工业园区空气中的 PCDFs 与 PCDDs 浓度比率约为 71∶29，这表明 PCDFs 对 PCDD/Fs 总浓度的贡献明显大于 PCDDs。相关研究表明，环境样品中 PCDFs 的贡献占优势时，研究区域内可能存在 PCDD/Fs 的燃烧源(Oh et al.，2006；Colombo et al.，2011)。环境介质中 PCDD/Fs 的来源可以根据不同排放源的 PCDD/Fs“指纹谱图”进行识别(Colombo et al.，2011，2009)。因此，采用主成分分析法(PCA)对工业园区空气中 PCDD/Fs 的来源进行分析。PCA 分析使用了工业园区环境空气样本和 4 家 SeAl、3 家再生铜冶炼厂(SeCu)、1 家再生铅冶炼厂(Hu et al.，

2013c)、3 家 MSWI、1 家水泥窑(Hu et al.，2013b)排放的烟道气中 PCDD/Fs 的浓度。以工业园区空气样本和上述热排放源烟道气样本为目标，将 PCDD/Fs 同类物对 PCDD/Fs 总浓度的贡献率作为变量。PCA 得分图如图 4.26 所示，分析提取出两个主要成分：主成分 1 和主成分 2。主成分 1 的占比为 50.5%，主要受低氯代 PCDD/Fs 的影响(负方向)。因此，这些同类物占主导的样品分布于图 4.26 的左侧，高氯代 PCDD/Fs 贡献较高的样品位于右侧。主成分 2 的占比为 18.4%，纵轴的负方向上主要受五氯代、六氯代和七氯代 PCDFs 的影响，在纵轴的正方向上受其他 PCDD/Fs 的影响。SeCu 烟道气五氯代至七氯代 PCDFs 占比较高，位于图 4.26 的下半部分；而 MSWI 烟道气中五氯代至七氯代 PCDFs 贡献较低，则位于图 4.26 的上半部分。

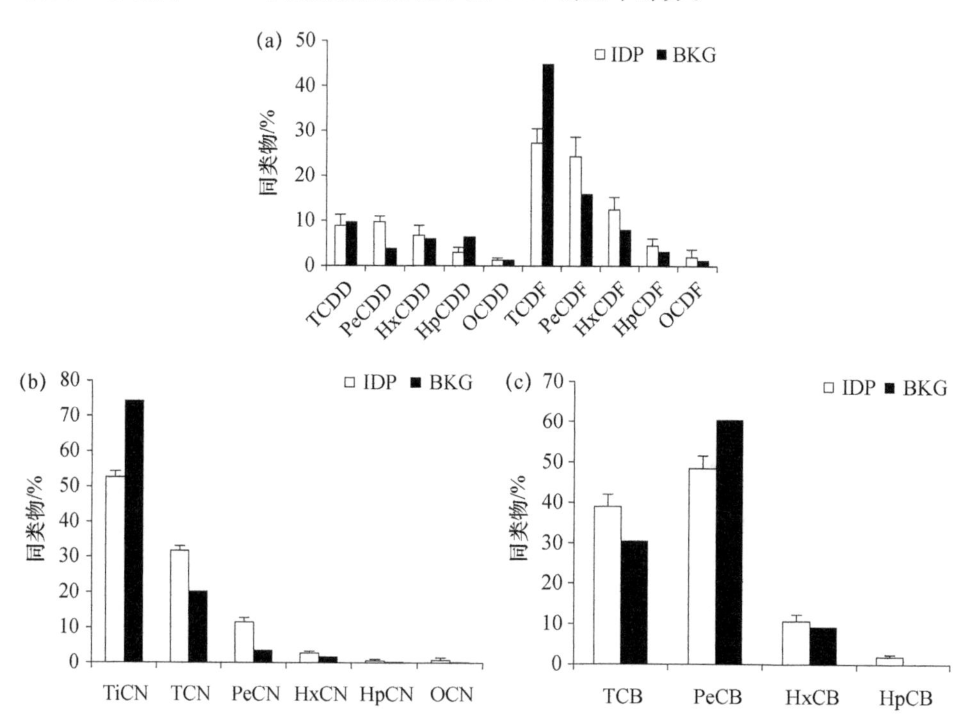

图 4.25　工业园区(IDP)和背景点(BKG)大气样本中 PCDD/Fs、PCNs 和 PCBs 同类物的组成分布

PCA 分析结果表明，工业热排放源烟道气可为三个组别(标记为Ⅰ、Ⅱ和Ⅲ)。第Ⅰ组包括水泥窑、1 家再生铝冶炼厂和再生铅冶炼厂。第Ⅱ组包括 3 家再生铜冶炼厂。第Ⅲ组包括 3 家城市固体废物焚烧炉。4 家再生铝冶炼厂在图中的分布比较分散，因为它们的同类物组成特征各异。工业区环境空气样本 D 在第Ⅰ组内，其他 4 份环境空气样本与第Ⅰ组相邻。工业园区内分布着 1 家再生铝冶炼厂、1 家水泥窑和 1 家铅锌冶炼厂。工业园区内没有再生铅冶炼厂，但铅废料可作为铅冶炼厂的原料，可能具有类似再生铅冶炼回收的过程。PCA 结果与工业园区内分布的 PCDD/Fs 潜在排放源一致。

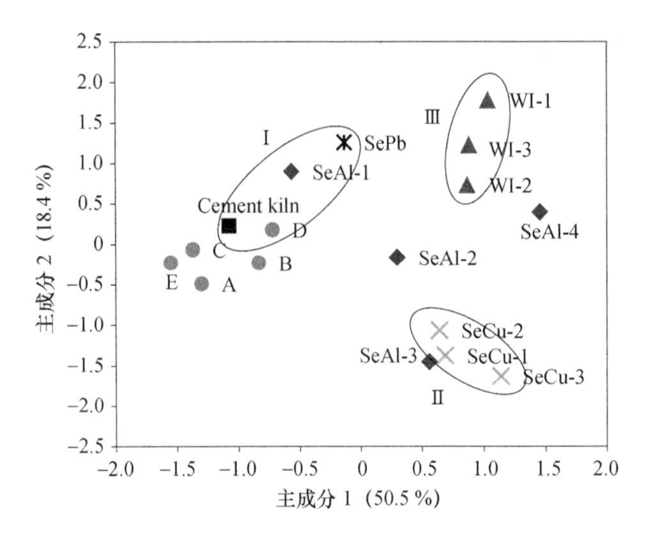

图 4.26　工业园区大气样本（A～E）和工业热排放源烟道气中 PCDD/F 主成分分析得分图
（SeAl：再生铝冶炼厂；SeCu：再生铜冶炼厂；SePb：再生铅冶炼厂；
WI：城市固体废物焚烧炉；Cement kiln：水泥窑）

（2）PCNs

图 4.27(a)显示了工业园区和背景点环境空气中四氯至六氯萘单体的组成。工业园区各采样点环境空气中 PCNs 的单体组成相似，但它们不同于背景样品。工业园区采样点环境空气中 PCNs 单体 CN29、CN39、CN50、CN51、CN54 和 CN66/67 对所在氯代同系物的贡献率大于背景采样点。相比于背景样品，工业园区环境空气样本中贡献率更大的单体都是 PCNs 热相关单体（PCNs 热相关单体定义详见本书 1.2.3）。此外，相比于再生铜冶炼厂，工业园区环境空气中 PCNs 单体的组成特征与水泥窑、再生铅冶炼厂和再生铝冶炼厂更相似（图 4.27）。以上结果表明，水泥窑、铅锌冶炼厂和再生铝冶炼厂对工业园区环境空气中 PCNs 的分布特征具有较大的影响。

（3）PCBs

dl-PCBs 以 CB118（占 dl-PCB 总浓度的 33%）、CB77（22%）、CB81（14%）和 CB105（8.2%）为主。这些单体共占 dl-PCBs 总浓度的 77.2%。相关研究报道，工业热排放源烟道气和其他区域环境空气中 CB77、CB105 和 CB118 对 dl-PCBs 的贡献率也较高（Nie et al.，2012；Lv et al.，2011；Antunes et al.，2012；Shin et al.，2011；Li et al.，2011）。PCBs 工业品中 CB118 和 CB105 单体一般对 dl-PCBs 总浓度的贡献也较大（Shin et al.，2011；Takasuga et al.，2006）。商用 PCBs 工业品的生产和使用已经被禁止几十年，但 PCBs 仍可在工业热过程中被无意排放或从含有 PCBs 的产品和废物中再释放至环境。工业园区内分布有几家工业热排放源，园区内很可能存在含有 PCBs 的产品或废物。本节分析的 PCBs 同类物数量较少，因此，很难确定工业园区环境空气中 PCBs 的具体来源。

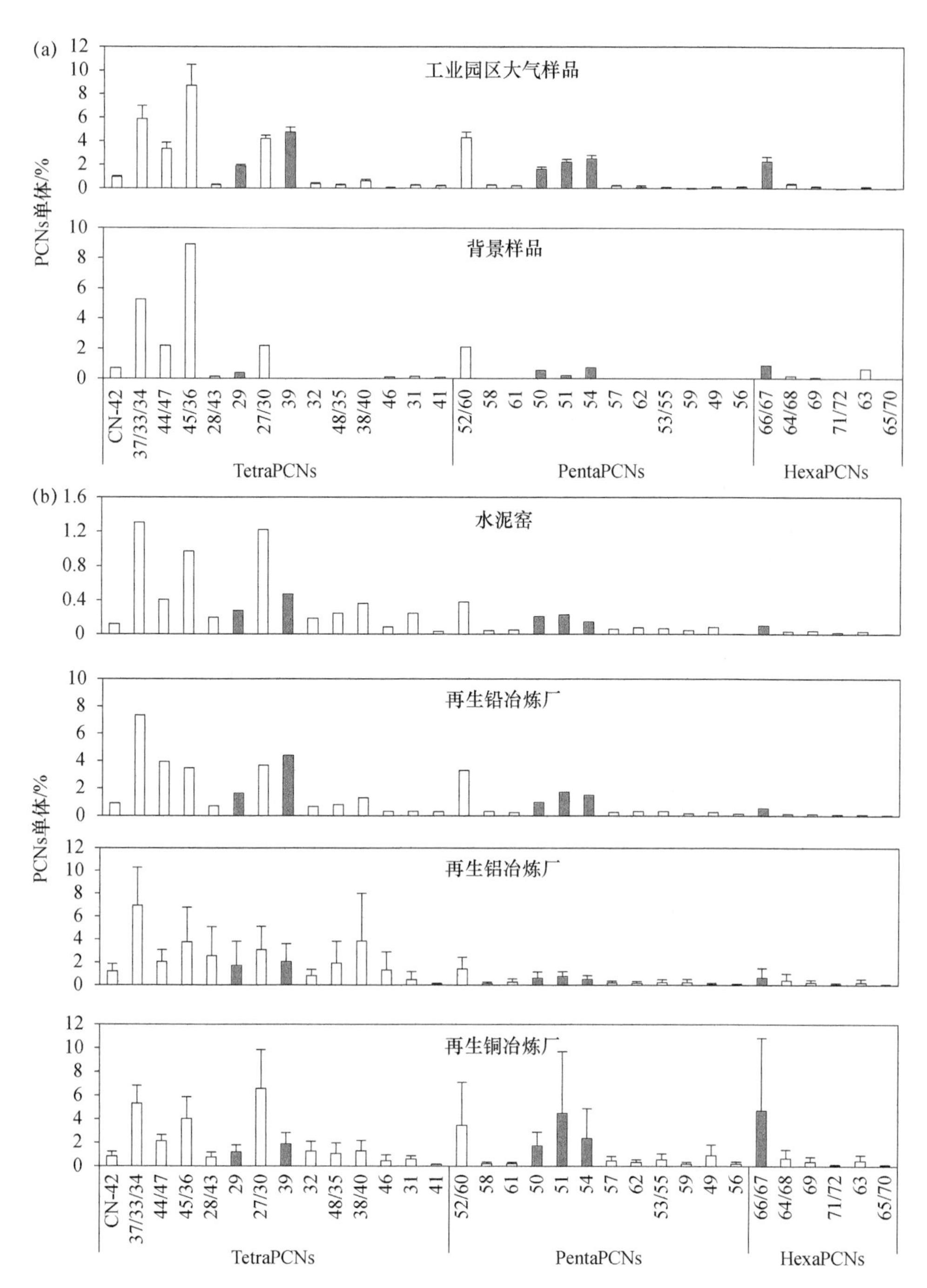

图 4.27　工业园区和背景点大气样本以及水泥窑、再生铅冶炼厂、再生铝冶炼厂和再生铜冶炼厂烟道气中的四氯萘(TetraPCNs)、五氯萘(PentaPCNs)和六氯萘(HexaPCNs)的单体分布

4.4.4 PCDD/Fs、PCNs 和 PCBs 浓度间的相关性

图 4.28 显示了四氯至八氯代 PCDD/Fs、三氯至八氯代 PCNs 和四氯至七氯代 PCBs 对二噁英类化合物(PCDD/F+PCN+PCB)总浓度的贡献百分比。PCNs 占总质量浓度的 75%～86%,PCDD/Fs 占 11%～20%,PCBs 占 1.7%～4.5%。然而,二噁英类化合物 TEQ 浓度的主要贡献者是 PCDD/Fs,占 TEQ 总浓度的 93%～96%。

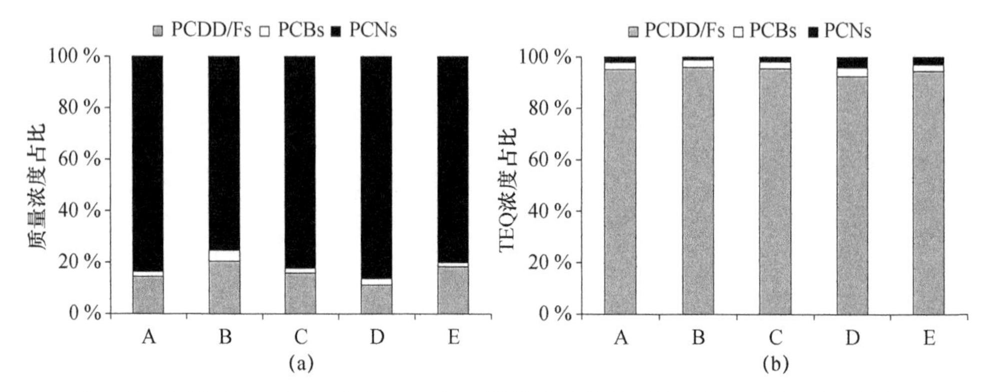

图 4.28 PCDD/Fs、PCNs 和 PCBs 对二噁英类化合物总质量浓度和 TEQ 浓度的贡献

本节还分析了工业园区环境空气中 PCDD/Fs(四氯至八氯)、PCNs(三氯至八氯)和 PCBs(四氯至七氯)总浓度之间的关系。PCNs 和 PCDD/Fs 总浓度的变化趋势相似(图 4.29)。通过散点图进一步分析表明,PCNs 总浓度与 PCDDs 总浓度(R^2=0.730)及 PCDFs 总浓度(R^2=0.756)有较好的正相关性(图 4.30)。之前的研究已发现 MSWI 排放的烟道气中 PCNs 和 PCDFs 总浓度之间存在良好的相关性(Oh et al., 2007; Hu et al., 2013b)。研究结果表明,工业园区环境空气中 PC-DD/Fs 和 PCNs 可能具有相同的污染来源。

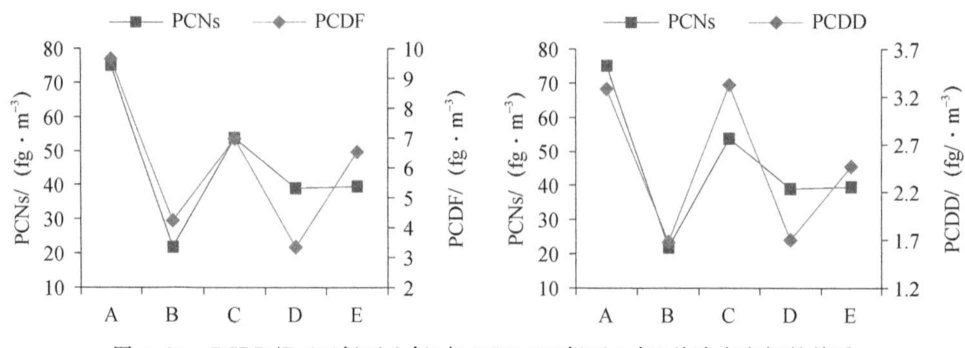

图 4.29 PCDD/Fs(四氯至八氯)与 PCNs(三氯至八氯)总浓度之间的关系

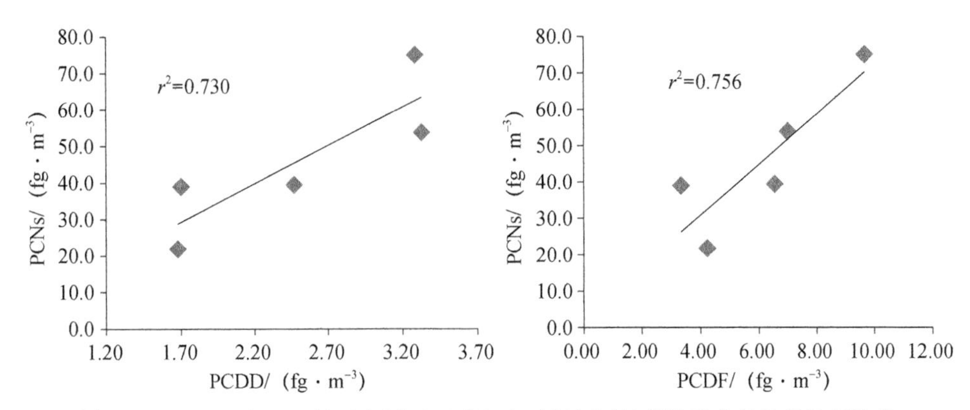

图 4.30　PCDD/Fs(四氯至八氯)和 PCNs(三氯至八氯)总浓度之间的线性相关性

4.4.5　小结

本节分析了青藏高原东北边缘处 1 家工业园区环境空气中 PCDD/Fs、PCNs 和 dl-PCBs 的浓度。工业园区环境空气中的 PCDD/Fs、dl-PCBs 和 PCNs 浓度水平与已报到的一些工业区相当。二噁英类化合物 TEQ 总浓度的主要贡献者是 PCDD/Fs,占 TEQ 总浓度的 93%～96%。工业园区环境空气中 PCDD/Fs 和 PCNs 主要源自园区内工业热过程的排放。此外,研究结果表明,该工业园区可能是青藏高原东北边缘处二噁英类化合物的一个重要本地污染源。

参考文献

居新宇,2016. 中国纺织之都——宁夏利通的产业雄心[J]. 中国纺织(6): 64-65.

廖晓, 肖滋成, 伍平凡,2015. 典型烧结厂周边土壤多氯联苯的环境污染特征[J]. 环境化学, 34(12): 2191-2197.

田亚静, 余立风, 丁琼, 等,2011. 某氯碱生产企业污染场地的 PCDD/PCDF 环境风险初步研究[J]. 商丘师范学院学报, 27(12): 53-58.

降巧龙, 周海燕, 徐殿斗, 等,2007. 国产变压器油中多氯联苯及其异构体分布特征[J]. 中国环境科学,27(5): 608-612.

薛令楠, 张琳利, 张利飞, 等,2017. 苏南地区表层土壤中多氯萘的浓度及来源[J]. 中国环境科学,37(2): 646-653.

杨慧玉,林曙明, 1996. 对西北地区造纸工业发展的思考[J]. 北方造纸(1):23-24, 26.

ALCOCK R E, BEHNISCH P A, JONES K C, et al, 1998. Dioxin-like PCBs in the environment - human exposure and the significance of sources[J]. Chemosphere, 37(8): 1457-1472.

ALI U, SANCHEZ-GARCIA L, REHMAN M Y, et al, 2016. Tracking the fingerprints and combined TOC-black carbon mediated soil-air partitioning of polychlorinated naphthalenes (PCNs) in the Indus River Basin of Pakistan[J]. Environmental Pollution, 208: 850-858.

ANEZAKI K, NAKANO T, 2014. Concentration levels and congener profiles of polychlorinated biphenyls, pentachlorobenzene, and hexachlorobenzene in commercial pigments[J]. Environmental

Science and Pollution Research International, 21(2): 998-1009.

ANTUNES P, VIANA P, VINHAS T, et al, 2012. Emission profiles of polychlorinated dibenzodioxins, polychlorinated dibenzofurans (PCDD/Fs), dioxin-like PCBs and hexachlorobenzene (HCB) from secondary metallurgy industries in Portugal[J]. Chemosphere, 88(11): 1332-1339.

ARIES E, ANDERSON D R, Fisher R, et al, 2006. PCDD/F and "Dioxin-like" PCB emissions from iron ore sintering plants in the UK[J]. Chemosphere, 65(9): 1470-1480.

CAPUANO F, CAVALCHI B, MARTINELLI G, et al, 2005. Environmental prospection for PCDD/PCDF, PAH, PCB and heavy metals around the incinerator power plant of Reggio Emilia town (Northern Italy) and surrounding main roads[J]. Chemosphere, 58(11): 1563-1569.

CETIN B, 2016. Investigation of PAHs, PCBs and PCNs in soils around a heavily industrialized area in Kocaeli, Turkey: Concentrations, distributions, sources and toxicological effects[J]. Science of the Total Environment, 560-561: 160-169.

CHAKRABORTY P, SELVARAJ S, NAKAMURA M, et al, 2018. PCBs and PCDD/Fs in soil from informal e-waste recycling sites and open dump sites in India: levels, congener profiles and health risk assessment[J]. Science of the Total Environment, 621(15): 930-938.

CHI K H, LIN C Y, YANG C F O, et al, 2010. PCDD/F Measurement at a high-altitude station in central Taiwan: evaluation of long-range transport of PCDD/Fs during the Southeast Asia biomass burning event[J]. Environmental Science & Technology, 44(8): 2954-2960.

COLOMBO A, BENFENATI E, BUGATTI S G, et al, 2011. Concentrations of PCDD/PCDF in soil close to a secondary aluminum smelter[J]. Chemosphere, 85(11): 1719-1724.

COLOMBO A, BENFENATI E, MARIANI G, et al, 2009. PCDD/Fs in ambient air in north-east Italy: the role of a MSWI inside an industrial area[J]. Chemosphere, 77(9): 1224-1229.

DIE Q, NIE Z, LIU F, et al, 2015. Seasonal variations in atmospheric concentrations and gas-particle partitioning of PCDD/Fs and dioxin-like PCBs around industrial sites in Shanghai, China [J]. Atmospheric Environment, 119: 220-227.

DONG S, LIU G, ZHANG B, et al, 2013. Formation of polychlorinated naphthalenes during the heating of cooking oil in the presence of high amounts of sucralose[J]. Food Control, 32(1): 1-5.

GAO L, ZHANG Q, LIU L, et al, 2014. Spatial and seasonal distributions of polychlorinated dibenzo-p-dioxins and dibenzofurans and polychlorinated biphenyls around a municipal solid waste incinerator, determined using polyurethane foam passive air samplers[J]. Chemosphere, 114: 317-326.

HAN X, O'CONNOR J C, DONNER E M, et al, 2009. Non-coplanar 2,2',3,3',4,4',5,5',6,6'-decachlorobiphenyl(PCB 209) did not induce cytochrome P450 enzyme activities in primary cultured rat hepatocytes, was not genotoxic, and did not exhibit endocrine-modulating activities[J]. Toxicology, 255(3): 177-186.

HAN Y, LIU W, HANSEN H C B, et al, 2016. Influence of long-range atmospheric transportation (LRAT) on mono-to octa-chlorinated PCDD/Fs levels and distributions in soil around Qinghai Lake, China[J]. Chemosphere, 156: 143-149.

HARNER T, KYLIN H, BIDLEMAN T F, et al, 1998. Polychlorinated naphthalenes and coplanar polychlorinated biphenyls in arctic air[J]. Environmental Science & Technology, 32(21): 3257-3265.

HOGARH J N, SEIKE N, KOBARA Y, et al, 2012. Atmospheric polychlorinated naphthalenes in

Ghana[J]. Environmental Science & Technology, 46(5): 2600-2606.

HOWELL N L, SUAREZ M P, RIFAI H S, et al, 2008. Concentrations of polychlorinated biphenyls (PCBs) in water, sediment, and aquatic biota in the Houston Ship Channel, Texas[J]. Chemosphere, 70(4): 593-606.

HU J, ZHENG M, LIU W, et al, 2013a. Occupational exposure to polychlorinated dibenzo-p-dioxins and dibenzofurans, dioxin-like polychlorinated biphenyls, and polychlorinated naphthalenes in workplaces of secondary nonferrous metallurgical facilities in China[J]. Journal of Environmental Science and Technology, 47(14): 7773-7779.

HU J, ZHENG M, LIU W, et al, 2013b. Characterization of polychlorinated naphthalenes in stack gas emissions from waste incinerators[J]. Environmental science and pollution research international, 20(5): 2905-2911.

HU J C, ZHENG M H, LIU W B, et al, 2014. Characterization of polychlorinated dibenzo-p-dioxins and dibenzofurans, dioxin-like polychlorinated biphenyls, and polychlorinated naphthalenes in the environment surrounding secondary copper and aluminum metallurgical facilities in China[J]. Environmental Pollution, 193: 6-12.

HU X, XU Z, PENG X, et al, 2013c. Pollution characteristics and potential health risk of polychlorinated dibenzo-p-dioxins and dibenzofurans (PCDD/Fs) in soil/sediment from Baiyin City, North West, China[J]. Environmental Geochemistry and Health , 35(5): 593-604.

HUANG J, YU G, YAMAUCHI M, et al, 2015. Congener-specific analysis of polychlorinated naphthalenes (PCNs) in the major Chinese technical PCB formulation from a stored Chinese electrical capacitor[J]. Environmental Science and Pollution Research International, 22(19): 14471-14477.

HUO S, LI C, XI B, et al, 2017. Historical record of polychlorinated biphenyls (PCBs) and special occurrence of PCB 209 in a shallow fresh-water lake from eastern China[J]. Chemosphere, 184: 832-840.

KANNAN K, IMAGAWA T, BLANKENSHIP A L, et al, 1998. Isomer-specific analysis and toxic evaluation of polychlorinated naphthalenes in soil, sediment, and biota collected near the site of a former chlor-alkali plant[J]. Environmental Science & Technology, 32(17): 2507-2514.

KUO Y C, CHEN Y C, LIN M Y, et al, 2014. Ambient air concentrations of PCDD/Fs, coplanar PCBs, PBDD/Fs, and PBDEs and their impacts on vegetation and soil[J]. International Journal of Environmental Science and Technology, 12(9): 2997-3008.

LEE R G M, COLEMAN P, JONES J L, et al, 2005. Emission factors and importance of PCDD/Fs,PCBs, PCNs,PAHs and PM_{10} from the domestic burning of coal and wood in the U K[J]. Environmental Science & Technology, 39(6): 1436-1447.

LI F, JIN J, GAO Y, et al, 2016. Occurrence, distribution and source apportionment of polychlorinated naphthalenes (PCNs) in sediments and soils from the Liaohe River Basin, China[J]. Environmental Pollution, 211: 226-232.

LI F, JIN J, SUN X, et al, 2014a. Gas chromatography-triple quadrupole mass spectrometry for the determination of atmospheric polychlorinated naphthalenes[J]. Journal of Hazardous Materials, 280: 111-117.

LI S, ZHENG M, LIU W, et al, 2014b. Estimation and characterization of unintentionally produced persistent organic pollutant emission from converter steelmaking processes[J]. Environmental Science and Pollution Research International, 21(12): 7361-7368.

LI X, LI Y, ZHANG Q, et al, 2011. Evaluation of atmospheric sources of PCDD/Fs, PCBs and PBDEs around a steel industrial complex in northeast China using passive air samplers[J]. Chemosphere, 84(7): 957-963.

LI Y, WANG P, DING L, et al, 2010. Atmospheric distribution of polychlorinated dibenzo-p-dioxins, dibenzofurans and dioxin-like polychlorinated biphenyls around a steel plant Area, Northeast China[J]. Chemosphere, 79(3): 253-258.

LIU G, CAI Z, ZHENG M, 2014. Sources of unintentionally produced polychlorinated naphthalenes[J]. Chemosphere, 94: 1-12.

LIU G, LV P, JIANG X, et al, 2015. Identification and preliminary evaluation of polychlorinated naphthalene emissions from hot dip galvanizing plants[J]. Chemosphere, 118: 112-116.

LIU G, ZHAN J, ZHAO Y, et al, 2016a. Distributions, profiles and formation mechanisms of polychlorinated naphthalenes in cement kilns co-processing municipal waste incinerator fly ash[J]. Chemosphere, 155: 348-357.

LIU G, YANG L, ZHAN J, et al, 2016b. Concentrations and patterns of polychlorinated biphenyls at different process stages of cement kilns co-processing waste incinerator fly ash[J]. Waste Management, 58: 280-286.

LIU G R, ZHENG M H, CAI M W, et al, 2013a. Atmospheric emission of polychlorinated biphenyls from multiple industrial thermal processes[J]. Chemosphere, 90(9): 2453-2460.

LIU W, LI H, TIAN Z, et al, 2013b. Spatial distribution of polychlorinated biphenyls in soil around a municipal solid waste incinerator[J]. Journal of Environmental Sciences, 25(8): 1636-1642.

LV P, ZHENG M, LIU G, et al, 2011. Estimation and characterization of PCDD/Fs and dioxin-like PCBs from Chinese iron foundries[J]. Chemosphere, 82(5): 759-763.

MARI M, SCHUHMACHER M, FELIUBADALO J, et al, 2008. Air concentrations of PCDD/Fs, PCBs and PCNs using active and passive air samplers[J]. Chemosphere, 70(9): 1637-1643.

MENG B, MA W L, LIU L Y, et al, 2016. PCDD/Fs in soil and air and their possible sources in the vicinity of municipal solid waste incinerators in northeastern China[J]. Atmospheric Pollution Research, 7(2): 355-362.

MUÑOZ-ARNANZ J, ROSCALES J L, VICENTE A, et al, 2018. Assessment of POPs in air from Spain using passive sampling from 2008 to 2015. Part Ⅱ: Spatial and temporal observations of PCDD/Fs and dl-PCBs[J]. Science of The Total Environment, 634: 1669-1679.

NADAL M, SCHUHMACHER M, DOMINGO J L, 2007. Levels of metals, PCBs, PCNs and PAHs in soils of a highly industrialized chemical/petrochemical area: temporal trend[J]. Chemosphere, 66(2): 267-276.

NIE Z, ZHENG M, LIU G, et al, 2012. A preliminary investigation of unintentional POP emissions from thermal wire reclamation at industrial scrap metal recycling parks in China[J]. Journal of Hazardous Materials, 215-216: 259-265.

NIEUWOUDT C, QUINN L P, PIETERS R, et al, 2009. Dioxin-like chemicals in soil and sediment from residential and industrial areas in central South Africa[J]. Chemosphere, 76(6): 774-783.

NOMA Y, YAMAMOTO T, SAKAI SI, 2004. Congener-specific composition of polychlorinated naphthalenes, coplanar PCBs, dibenzo-p-dioxins, and dibenzofurans in the halowax series[J]. Environmental Science & Technology, 38(6): 1675-1680.

ODABASI M, BAYRAM A, ELBIR T, et al, 2009. Electric arc furnaces for steel-making: hot spots for persistent organic pollutants[J]. Environmental Science & Technology, 43(14): 5205-5211.

ODABASI M, BAYRAM A, ELBIR T, et al, 2010. Investigation of soil concentrations of persistent organic pollutants, trace elements, and anions due to iron-steel plant emissions in an industrial region in Turkey[J]. Water, Air, & Soil Pollution, 213(1-4): 375-388.

ODABASI M, DUMANOGLU Y, KARA M, et al, 2017. Polychlorinated naphthalene (PCN) emissions from scrap processing steel plants with electric-arc furnaces[J]. Science of the Total Environment, 574: 1305-1312.

OH J E, CHOI S D, LEE S J, et al, 2006. Influence of a municipal solid waste incinerator on ambient air and soil PCDD/Fs levels[J]. Chemosphere, 64(4): 579-587.

OH J E, GULLETT B, RYAN S, et al, 2007. Mechanistic relationships among PCDDs/Fs, PCNs, PAHs, ClPhs, and ClBzs in municipal waste incineration[J]. Environmental Science & Technology, 41(13): 4705-4710.

PAN J, YANG Y, ZHU X, et al, 2013. Altitudinal distributions of PCDD/Fs, dioxin-like PCBs and PCNs in soil and yak samples from Wolong High Mountain area, eastern Tibet-Qinghai Plateau, China[J]. Science of the Total Environment, 444: 102-109.

REINER E J, CLEMENT R E, OKEY A B, et al, 2006. Advances in analytical techniques for polychlorinated dibenzo-p-dioxins, polychlorinated dibenzofurans and dioxin-like PCBs[J]. Analytical and Bioanalytical Chemistry, 386: 791-806.

REN J, WANG X, XUE Y, et al, 2014. Persistent organic pollutants in mountain air of the southeastern Tibetan Plateau: Seasonal variations and implications for regional cycling[J]. Environmental Pollution, 194: 210-216.

ROLPH G, STEIN A, STUNDER B, 2017. Real-time environmental applications and display system: READY[J]. Environmental Modelling & Software, 95: 210-228.

SHIN S K, JIN G Z, KIM W I, et al, 2011. Nationwide monitoring of atmospheric PCDD/Fs and dioxin-like PCBs in South Korea[J]. Chemosphere, 83(10): 1339-1344.

STEIN A F, DRAXLER R R, ROLPH G D, et al, 2015. NOAA's HYSPLIT atmospheric transport and dispersion modeling system[J]. Bulletin of the American Meteorological Society, 96(12): 2059-2077.

TAKASUGA T, INOUE T, OHI E, et al, 2004. Formation of polychlorinated naphthalenes, dibenzo-p-dioxins, dibenzofurans, biphenyls, and organochlorine pesticides in thermal processes and their occurrence in ambient air[J]. Archives of Environmental Contamination and Toxicology, 46:419-431.

TAKASUGA T, SENTHILKUMAR K, MATSUMURA T, et al, 2006. Isotope dilution analysis of polychlorinated biphenyls (PCBs) in transformer oil and global commercial PCB formulations by high resolution gas chromatography-high resolution mass spectrometry[J]. Chemosphere, 62(3): 469-484.

TANG X, ZENG B, HASHMI M Z, et al, 2013. PBDEs and PCDD/Fs in surface soil taken from the Taizhou e-waste recycling area, China[J]. Chemistry and Ecology, 30(3): 245-251.

TIAN Z, LI H, XIE H, et al, 2014a. Concentration and distribution of PCNs in ambient soil of a municipal solid waste incinerator[J]. Science of the Total Environment, 491-492: 75-79.

TIAN Z, LI H, XIE H, et al, 2014b. Polychlorinated dibenzo-p-dioxins and dibenzofurans and polychlorinated biphenyls in surface soil from the Tibetan Plateau[J]. Journal of Environmental Sciences, 26(10): 2041-2047.

VILAVERT L, NADAL M, SCHUHMACHER M, et al, 2014. Seasonal surveillance of airborne PCDD/Fs, PCBs and PCNs using passive samplers to assess human health risks[J]. Science of the Total Environment, 466-467: 733-740.

WANG T, WANG Y, FU J, et al, 2010a. Characteristic accumulation and soil penetration of polychlorinated biphenyls and polybrominated diphenyl ethers in wastewater irrigated farmlands[J]. Chemosphere, 81(8): 1045-1051.

WANG M S, CHEN S J, HUANG K L, et al, 2010b. Determination of levels of persistent organic pollutants (PCDD/Fs, PBDD/Fs, PBDEs, PCBs, and PBBs) in atmosphere near a municipal solid waste incinerator[J]. Chemosphere, 80(10): 1220-1226.

WANG W, BAI J, ZHANG G, et al, 2019. Occurrence, sources and ecotoxicological risks of polychlorinated biphenyls (PCBs) in sediment cores from urban, rural and reclamation-affected rivers of the Pearl River Delta, China[J]. Chemosphere, 218: 359-367.

WANG Y, CHENG Z, LI J, et al, 2012. Polychlorinated naphthalenes (PCNs) in the surface soils of the Pearl River Delta, South China: distribution, sources, and air-soil exchange[J]. Environmental Pollution, 170: 1-7.

WU J, HU J, WANG S, et al, 2018. Levels, sources, and potential human health risks of PCNs, PCDD/Fs, and PCBs in an industrial area of Shandong Province, China[J]. Chemosphere, 199: 382-389.

WU J, LU J, LUO Y, et al, 2016. An overview on the organic pollution around the Qinghai-Tibet plateau: the thought-provoking situation[J]. Environment International, 97: 264-272.

XIAO H, KANG S, ZHANG Q, et al, 2010. Transport of semivolatile organic compounds to the Tibetan Plateau: monthly resolved air concentrations[J]. Journal of Geophysical Research Atmospheres, 115, D16.

XUE L, ZHANG L, YAN Y, et al, 2016. Concentrations and patterns of polychlorinated naphthalenes in urban air in Beijing, China[J]. Chemosphere, 162: 199-207.

ZHANG L, DONG L, YANG W, et al, 2013. Passive air sampling of organochlorine pesticides and polychlorinated biphenyls in the Yangtze River Delta, China: Concentrations, distributions, and cancer risk assessment[J]. Environmental Pollution, 181: 159-166.

ZHANG S, PENG P, HUANG W, et al, 2009. PCDD/PCDF pollution in soils and sediments from the Pearl River Delta of China[J]. Chemosphere, 75(9): 1186-1195.

ZHOU T, BO X, QU J, et al, 2018. Characteristics of PCDD/Fs and Metals in Surface Soil Around an Iron and Steel Plant in North China Plain[J]. Chemosphere, 216: 413-418.

ZHU N, SCHRAMM K W, WANG T, et al, 2014. Environmental fate and behavior of persistent organic pollutants in Shergyla Mountain, southeast of the Tibetan Plateau of China[J]. Environmental Pollution, 191: 166-174.

第5章　典型工业城市居民血清中二噁英类化合物的暴露特征

二噁英类化合物经工业源释放后，可迁移扩散到大气、土壤和沉积物等不同环境介质中。环境中二噁英类化合物可通过饮食摄入、皮肤接触和呼吸吸入进入人体，从而对人体健康构成危害。可以根据环境介质、食物、水体中二噁英类化合物的浓度评估人体的暴露剂量与风险，同时也可以采集人体组织(血液和母乳等)直接分析测定人体中二噁英类化合物的暴露水平。后者能够获得人体组织内二噁英类化合物的含量水平与分布特征，进而能够更直观地了解人体对这些有毒有害化合物的暴露特征。本章介绍了某典型工业城市居民血清中 PCDD/Fs 和 PCNs 的暴露特征，还探讨了性别、年龄等因素的影响。

5.1　PCDD/Fs 的暴露特征研究

人体血清具有较高的脂质含量，有助于脂溶性化合物的分析；而且易获得不同性别和不同年龄段的血清样本；此外，测定血清中 PCDD/Fs 是对大气、土壤等环境介质监测的补充，能更准确地评估人体 PCDD/Fs 的暴露水平。相关研究已在美国、日本、欧洲和我国部分地区开展。如罗挺等(2019)测定了越南男性血清中 PCDD/Fs 的水平，考虑年龄、体质指数、吸烟等因素，分析了男性患病与二噁英的关系；Zubero 等(2017)采集了西班牙固体废物焚烧厂附近的人体血清，并分年龄和性别进行了分析，发现 PCDD/Fs 的浓度水平与年龄无显著相关性；Baba 等(2018)测定了日本婴儿血清中 PCDD/Fs 的浓度，发现男婴和女婴的 PCDD/Fs 无显著差异；Wittsiepe 等(2007)测定了德国工业化地区 19～42 岁孕妇分娩时的血清和母乳中 PCDD/Fs 的含量，分析了工业区内人群的暴露水平；Hsu 等(2010)测定了我国台湾普通人群血清样本中 PCDD/Fs 的暴露水平，发现低龄组血清中 PCDD/Fs 组成特征与其他 3 个高龄组有显著差异，可能受到代谢速率或饮食习惯的影响，这意味着在分析 PCDD/Fs 对人体影响时，必须考虑样本的年龄、性别等潜在因素。但是，近年来我国有关人体血清中 PCDD/Fs 的研究较少，尤其是典型工业城市人体血清中 PCDD/Fs 的分布规律尚不清楚。所以，本节采集了我国东部某典型工业城市共计 480 位居民血清样本，首先测定其中 PCDD/Fs 的浓度与同类物组成特征，并从性别和年龄段等因素分析了该市居民的 PCDD/Fs 暴露水平和时间变化趋势，通过单体组成特征分析可能的暴露源。研究结果将有助于了解当前典型工业城市居民暴露 PCDD/Fs 的水平与特征。

5.1.1 样品采集与分析

(1)样品采集

沿海某工业城市有较多冶金、机械和化工工厂,高能耗行业占较大比重。由于再生铜冶炼厂和氯碱厂等 PCDD/Fs 潜在排放源集中分布于该城市中心的 1 家工业区内,为此选取该工业区所在行政区域作为采样区域,于 2016 年在该区医院和捐赠者知情并同意的情况下,对储存在血库中用于常规病例检测的血清进行随机采集,记录了每份样本的年龄、性别、采集日期以及居住位置等信息。男性和女性志愿者的年龄范围都在 18～54 岁(平均 37 岁)。血清样本以 3000 $r \cdot min^{-1}$ 离心 15 min 后,采集上清液转移至新的聚丙烯真空管中,每个血清样本采集 0.5 mL,并按照其性别和年龄段(<20、20～24、24～29、30～34、34～39、40～44、40～49、50～54 岁)进行混合,储存于便携式冰箱。冷藏的样本转移至实验室后,涡旋混合均匀后平均分成 5 份备份,每份 3 mL,于冰箱 −18 ℃冷冻保存,直至实验分析。每组混合样本的份数、脂重以及志愿者的平均年龄等信息见表 5.1。

表 5.1 血清样品基本信息

样本编号	年龄段	捐赠人数	脂重/g	样本编号	年龄段	捐赠人数	脂重/g
男性-1	<20	30	0.0205	女性-1	<20	30	0.0158
男性-2	20～24	30	0.0163	女性-2	20～24	30	0.0183
男性-3	25～29	30	0.0177	女性-3	25～29	30	0.0228
男性-4	30～34	30	0.0176	女性-4	30～34	30	0.0200
男性-5	35～39	30	0.0220	女性-5	35～39	30	0.0215
男性-6	40～44	30	0.0246	女性-6	40～44	30	0.0194
男性-7	45～49	30	0.0177	女性-7	45～49	30	0.0225
男性-8	50～54	30	0.0262	女性-8	50～54	30	0.0218
男性总和	18～54	240		女性总和	18～54	240	

(2)样品预处理和分析

①材料准备

碱性 Al_2O_3 和无水硫酸钠的准备方法详见本书 2.2。

②试剂与标样

正己烷、二氯甲烷(农残级,美国 J. T. Baker 公司)、凝胶 Bio-beads SX-3(0.098～0.046 mm 粒径,美国 Bio-Rad Laboratories)、甲基叔丁基醚(农残级,美国 MREDA 公司)、异丙醇(HPLC 级,美国 Fisher 公司)、浓盐酸(北京北化精细化学品有限责任公司),内标详见表 5.1。

③样品净化与分离

从冰箱取出混合血样解冻 12 h，每份样品 3 mL，加入一定量的 PCDD/Fs 内标混合物。分别向样本中加入盐酸 1 mL、异丙醇 3 mL、正己烷-甲基叔丁基醚（$V:V=1:1$）3 mL，涡旋离心，静置过夜后提取上层清液，加入 4 mL KCl 水溶液（1%，W/W）去蛋白，然后分两次加入 3 mL 正己烷-甲基叔丁基醚（$V:V=1:1$）萃取，提取上层清液。将两次萃取的清液相合并后旋蒸浓缩，通过重量法测定血清样本中的脂质含量，然后加入 4 mL 正己烷和 2 mL 0.5 mol・L^{-1} KOH 复溶，加入 3 mL 正己烷萃取 2 次后浓缩至约 1 mL，然后通过凝胶渗透色谱柱和碱性氧化铝柱净化分离，洗脱物氮吹浓缩至 50 μL 后待进样分析。

使用 Trace 1310 气相色谱-TSQ 8000 Evo 三重四极杆质谱联用仪对 PCDD/Fs 的含量进行测定（详见本书 2.2）。

（3）质量保证与质量控制

使用同位素稀释法对 PCDD/Fs 进行定量分析，$^{13}C_{10}$-PCDD/Fs 内标的回收率范围为 70%～120%，满足 US EPA 1613 方法定量的标准。定量过程遵循以下原则：只有与内标化合物的保留时间相差不超过 0.1 s，其离子对相对丰度比的偏差在理论值的 15% 以内，且信噪比大于 3 的目标峰才被定量。PCDD/Fs 的仪器检出限为 0.04～0.25 μg・L^{-1}。每 8～10 个样品设定 1 个空白加标样，并进行与血清样品相同的前处理步骤。结果表明，空白样品均未检出 PCDD/Fs。

（4）数据统计和分析

数据的统计分析使用 SPSS 19.0。为了探究再生铜冶炼厂可能对当地居民血清中 PCDD/Fs 单体组成特征造成的影响，分别检验男性和女性血清样本中 PCDD/Fs 单体组成特征与其在再生铜冶炼厂烟道气中的相似性。首先对上述样本中 PCDD/Fs 单体浓度进行归一化处理（计算各单体的百分比含量）。S-W 检测结果显示男性血清和再生铜烟道气中 PCDD/Fs 单体占比数据呈非正态分布，所以采用 Spearman 相关性分析上述数据的相似性。

5.1.2　PCDD/Fs 的暴露水平

首先测定由 480 份居民血清混合而成的 16 份样本中 17 种 PCDD/Fs 单体的含量，并根据各样本的脂重进行浓度校正。男性血清样本中 PCDD/Fs 的浓度范围为 53.4～435 pg・g^{-1}（平均 231 pg・g^{-1}），最主要的贡献单体为 OCDD；女性为 73.8～250 pg・g^{-1}（平均 156 pg・g^{-1}），最主要的贡献单体为 1,2,3,4,6,7,8-HpCDF；男性和女性血清中 $\sum$PCDD/$\sum$PCDF 的比值分别为 1.11 和 1.63。本节运用世界卫生组织 2005 年发布的 TEF 值计算各年龄段血清中 PCDD/Fs 的 TEQ。如图 5.1 所示，该市男性居民血清样本中 PCDD/Fs 的 TEQ 浓度范围为 4.24～20.0 pg・g^{-1}（平均 11.0 pg・g^{-1}），女性为 5.66～52.9 pg・g^{-1}（平均 18.7 pg・g^{-1}）。整体来看，男性血清中 PCDD/Fs 的质量浓度高于女性，但是 TEQ 却低于女性，这可能与血清中 PCDD/Fs 的单体组成差异有关，需进一步分析。

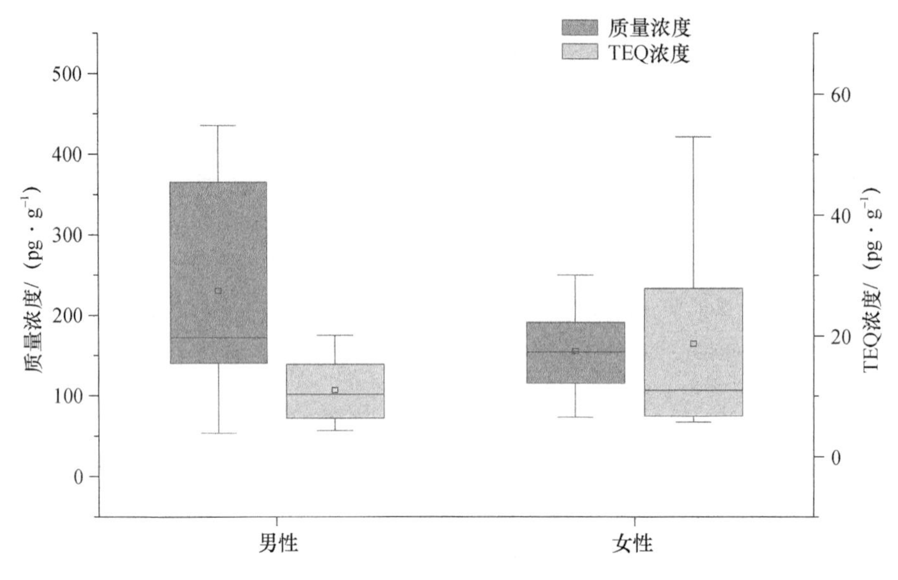

图 5.1　男性和女性居民血清样本中 PCDD/Fs 质量浓度及 TEQ 浓度

Zubero 等(2017)在西班牙港口城市某固体废物焚烧厂附近采集了 127 份成年人体血清，男性血清中 PCDD/Fs 的 TEQ 水平为 4.13～5.46 pg·g^{-1}，女性为 3.98～5.27 pg·g^{-1}。Baba 等(2018)测定了日本北海道 386 名孕妇和婴儿血清中的 PCDD/Fs，孕妇、男婴和女婴的 TEQ 水平分别为 9.8、14.67、14.93 pg·g^{-1}，由孕妇传递给男孩和女孩的 PCDD/Fs 无显著差异。Xiao 等(2010)研究了洞庭湖地区 20 份血液样本中的 PCDD/Fs，其 TEQ 范围在 5～109 pg·g^{-1}，同时发现血液中 TEQ 值随年龄增长而增大，存在正相关关系($r=0.6$, $P=0.007$)，表明 PCDD/Fs 浓度水平会在生命周期内持续增加。Wittsiepe 等(2015)调查了阿克拉 21 名电子垃圾拆解厂员工和 21 名当地非职业暴露的对照组，其血清中 PCDD/Fs 的 TEQ 浓度分别为 2.1～42.7 和 1.6～11.6 pg·g^{-1}，暴露组的平均浓度是非暴露组的 4 倍，该研究未作年龄、身高和体重的区分。与其他研究对比发现，本节工业城市居民血清中 TEQ 水平低于湖南居民的 TEQ 水平，高于西班牙、新西兰和北海道。

5.1.3　血清中 PCDD/Fs 的组成特征及性别/年龄差异

图 5.2 显示了不同性别不同年龄段居民血清中四至八氯代 PCDD/Fs 的组成特征，男性血清中四氯至八氯代 PCDD(Tetra-至 Octa-CDD)的占比分别为 0.71%、0.65%、15.4%、2.2%和 28.4%，Tetra-至 Octa-CDF 的占比分别为 2.1%、4.2%、14.3%、12.2%和 19.9%；女性中 Tetra-至 Octa-CDD 的占比为 1.2%、5.7%、19.2%、10.1%和 1.6%，Tetra-至 Octa-CDF 的占比分别为 4.5%、6.1%、22.5%、19.8%和 9.4%。可见女性血清中四氯至七氯代 PCDD 和 PCDF 所占比例高于男

性，但 OCDD 和 OCDF 所占比例低于男性。此外，在男性 20～49 岁的 6 个年龄段的血清样本中，PCDD/Fs 组成特征较为相似，其中 OCDD 为主要单体之一，在各年龄段均有检出，50～54 岁的血清样本的 PCDD/Fs 组成与其他年龄段差异较大，主要单体为 1,2,3,4,6,7,8-HpCDD 和 1,2,3,7,8-PeCDF；女性各年龄段血清中 PCDD/Fs 的组成无相似性，各年龄段的优势单体均不同，其中 20～24 岁年龄段 1,2,3,4,6,7,8-HpCDF 的单体占比最高，占 ∑PCDD/Fs 的 52%。PCDD/Fs 浓度和单体组成的性别差异表明，男性和女性血清中的 PCDD/Fs 来源可能不同。

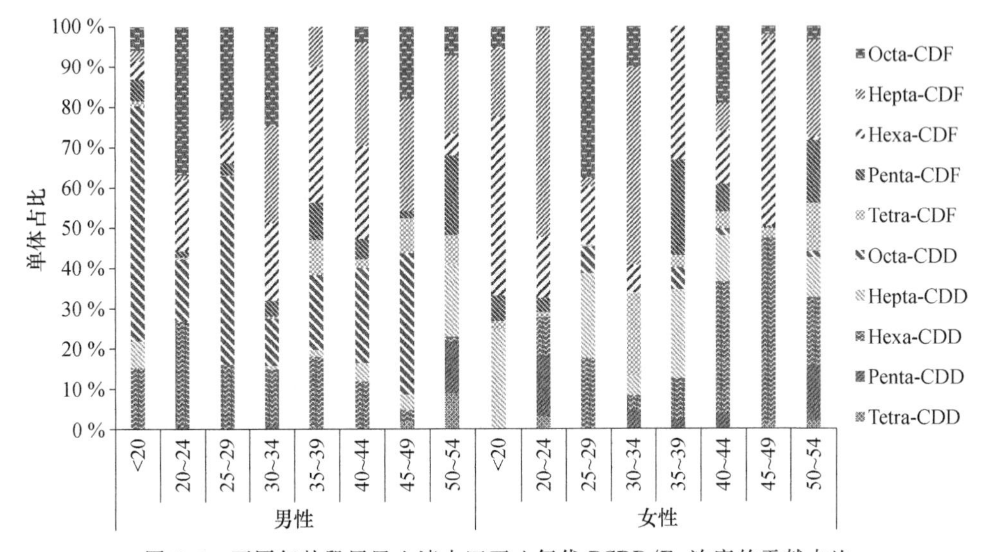

图 5.2 不同年龄段居民血清中四至八氯代 PCDD/Fs 浓度的贡献占比

如图 5.3 所示，男性血清样本的主要单体为 OCDD 和 OCDF，分别占比 28.4% 和 19.9%；女性血清中 PCDD/Fs 主要单体为 1,2,3,4,6,7,8-HpCDF、1,2,3,7,8,9-HxCDF 和 1,2,3,4,6,7,8-HpCDD，分别占比 16.7%、11.2%和 10.0%。男性血清中由低氯代到高氯代 PCDD/Fs 的占比总体呈现出上升的趋势，女性没有明显趋势。皮肤接触、呼吸吸入和饮食摄入是人类暴露于环境中 PCDD/Fs 的重要途径（Sweetman et al.，2000），因此，男女所处的工作环境不同，接触的暴露源不同可能是影响男性和女性血清中 PCDD/Fs 浓度和单体组成差异的原因。此外，工业热过程排放的烟道气中 PCDD/Fs 主要以 PCDFs 为主（∑PCDD/∑PCDF＜1）（Ba et al.，2009），而本研究中男性和女性血清中∑PCDD/∑PCDF 的比值分别为 1.11 和 1.65，男性更接近于 1，推测该市男性居民受当地工业影响更大。此外，有研究报道采样区域内的工业区土壤中 PCDD/Fs 的 TEQ 浓度（平均 4.55 $pg \cdot g^{-1}$）超过了加拿大土壤质量标准，其主要来源于该工业区内一家再生铜冶炼厂的排放（Wu et al.，2018）。鉴于此，本研究进一步对比了居民血清与这家再生铜冶炼厂烟道气中 PCDD/Fs 组成特征的相似性。Spearman 相关性分析结果表明男性血清与烟道气中

PCDD/Fs 单体组成存在相关性(相关系数 $r = 0.515$，显著性水平 $P = 0.035$)，而女性无相关性($r = 0.159$，$P = 0.541$)。烟道气中的主要单体为 1,2,3,4,6,7,8-HpCDF、OCDF 和 OCDD(Hu et al.，2013a)，与男性血清中的主要单体相同(图 5.3)。该市男性血清中 PCDD/Fs 单体分布与再生铜厂烟道气中的单体分布特征更为类似，进一步验证了男性比女性更容易受到工业生产的影响。

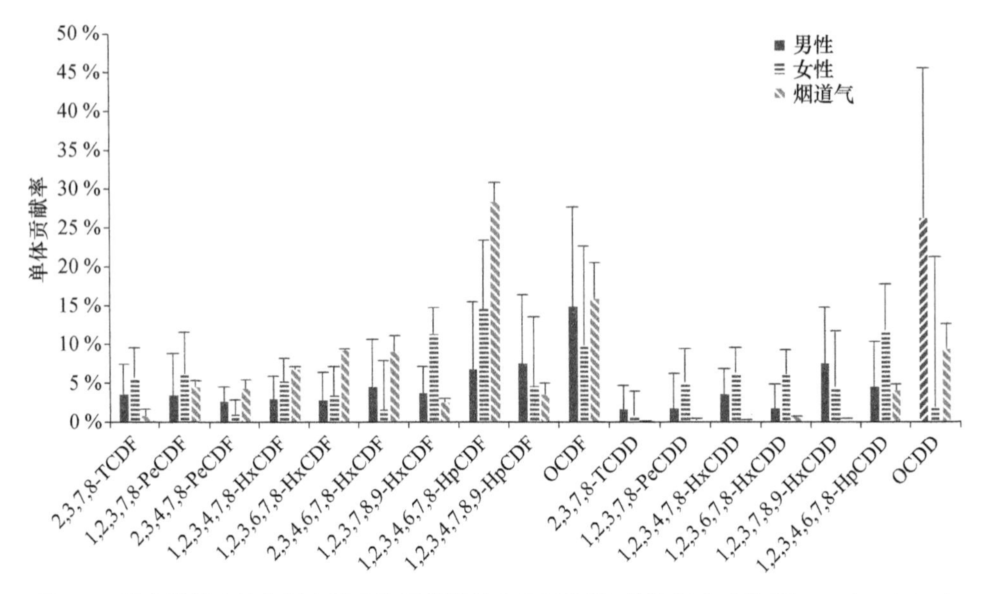

图 5.3　城市居民血清与再生铜冶炼厂烟道气中 PCDD/Fs 单体组成对比(Hu et al.，2013a)

5.1.4　血清中 PCDD/Fs 的 TEQ 组成特征及性别/年龄差异

如图 5.4(a)所示，男性血清中，30～34 和 35～39 岁年龄段各单体占比均匀，无主要单体，其中 1,2,3,4,7,8-HxCDF 和 1,2,3,6,7,8-HxCDF 的 TEQ 贡献率比其他年龄段高。45～49 岁年龄段的主要单体为 2,3,7,8-TCDD(56%)，50～54 年龄段的主要单体为 2,3,7,8-TCDD(37.6%)和 1,2,3,7,8-PeCDD(52.7%)，与其他年龄段血清中 PCDD/Fs 单体组成不同，这可能与不同年龄阶段的饮食习惯和新陈代谢强弱有关。在女性血清中<20 岁年龄段的主要单体为 1,2,3,7,8,9-HxCDF，20～24、30～34、35～39、40～44 和 50～54 岁 5 个年龄段的主要单体为 1,2,3,7,8-PeCDD，25～29 岁的主要单体为 1,2,3,4,7,8-HxCDF 和 1,2,3,6,7,8-HxCDD。

综合来看，在男性血清中，OCDD 在 17 个单体中的浓度水平最高，占 PCDD/Fs 总浓度的 28.4%，但是其对 TEQ 水平的贡献较小，占比为 0.2%。女性血清中单体浓度最高的为 1,2,3,4,6,7,8-HpCDF，单体占比为 16.7%，而对 TEQ 贡献最大的单体为 1,2,3,7,8-PeCDD，占比为 47.6%。总体来看，女性各年龄段血清中 1,2,3,7,8-PeCDD 的占比均高于男性。此外，根据单体质量浓度和 TEF 值，可知 Penta-

CDD、Hexa-CDD、Penta-CDF 和 Hexa-CDF 为 TEQ 主要贡献同系物，占比 80.5%。该结果与 Gonzalez 等(1998)研究的血清中不同氯代 PCDD/Fs 的 TEQ 占比一致，Hexa-CDD、Penta-CDD 和 Penta-CDF 为 TEQ 主要贡献同系物。

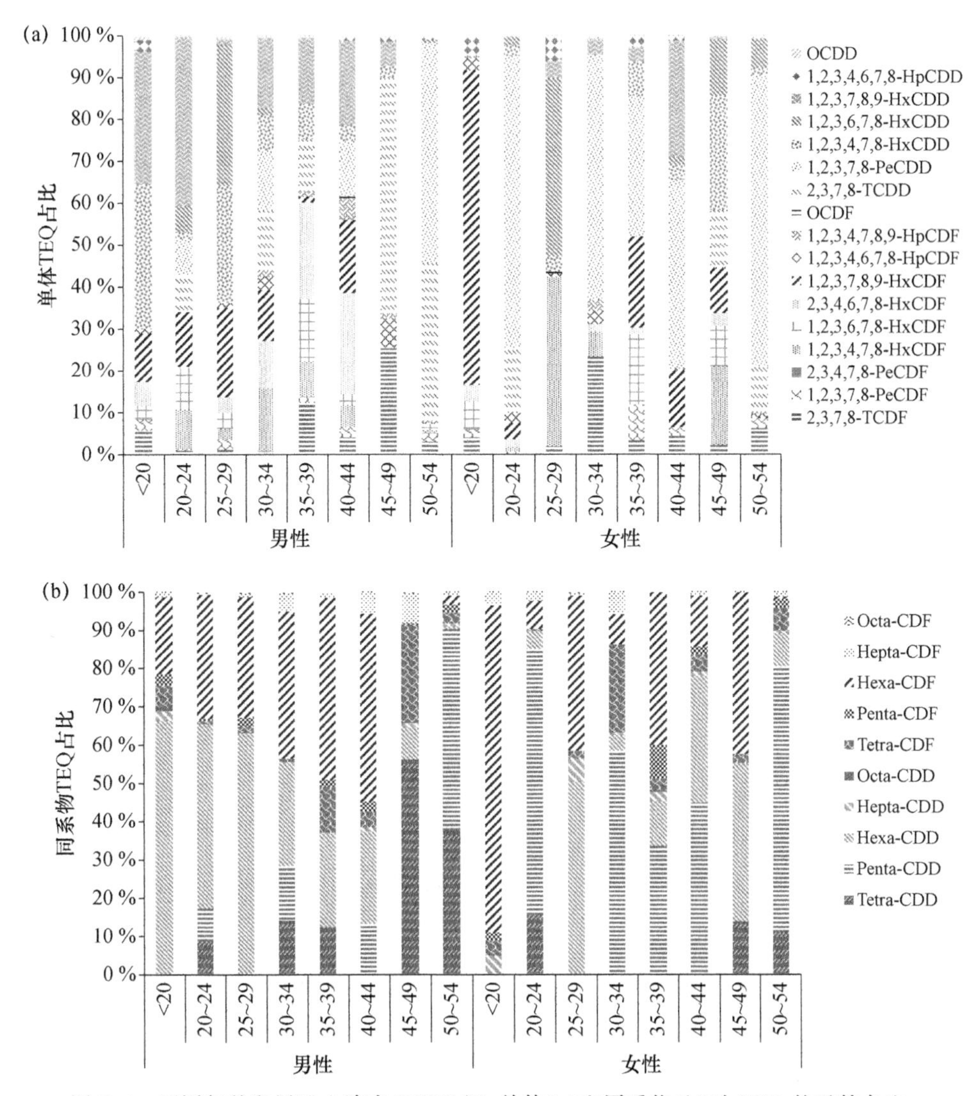

图 5.4　不同年龄段居民血清中 PCDD/Fs 单体(a)和同系物(b)对 TEQ 的贡献占比

5.1.5　人体血清中 PCDD/Fs 的年龄变化趋势

因为 PCDD/Fs 具有较长的半衰期和较强的生物累积性，相关研究表明人体血清中 PCDD/Fs 的浓度与年龄呈正相关。Schuhmacher 等(1999)发现高龄受测者血清中 PCDD/Fs 的 TEQ 浓度高于年轻受测者。Päpke 等(1998)发现 18～30 岁人体血清中 PCDD/Fs 的 TEQ 为 13.1 pg·g^{-1},31～42 岁为 16.3 pg·g^{-1},43～71 岁为 19.1 pg·g^{-1},其 TEQ 水平随年龄增长而增高。Flesch-Janys 等(1996)研究发现,随着人体年龄的增长,身体脂肪百分比增加,细胞新陈代谢的强度会有所降低,导致 PCDD/Fs 的积累,即年龄越高,人体组织中 PCDD/Fs 积累越多。

如图 5.5 所示,从血清中 PCDD/Fs 浓度来看,在<20、20～24、25～29、30～34、35～39 和 40～44 六个年龄组中,男性高于女性,在高龄组中女性却高于男性;从 TEQ 水平来看,25～29、30～34、35～39 的 3 个年龄段,男性也均高于女性。询问当地再生有色金属冶炼工厂的人事部门得知,一线工人男女比例为 98∶2,因此,相比于女性,男性更可能在工厂生产线一工作,接触暴露水平更高。女性血清 TEQ 从<20 到 20～24 岁年龄段呈现大幅增加的趋势,20～24 岁年龄段比其余几个年龄段都高,主要是高浓度的 1,2,3,7,8-PeCDD 造成的。

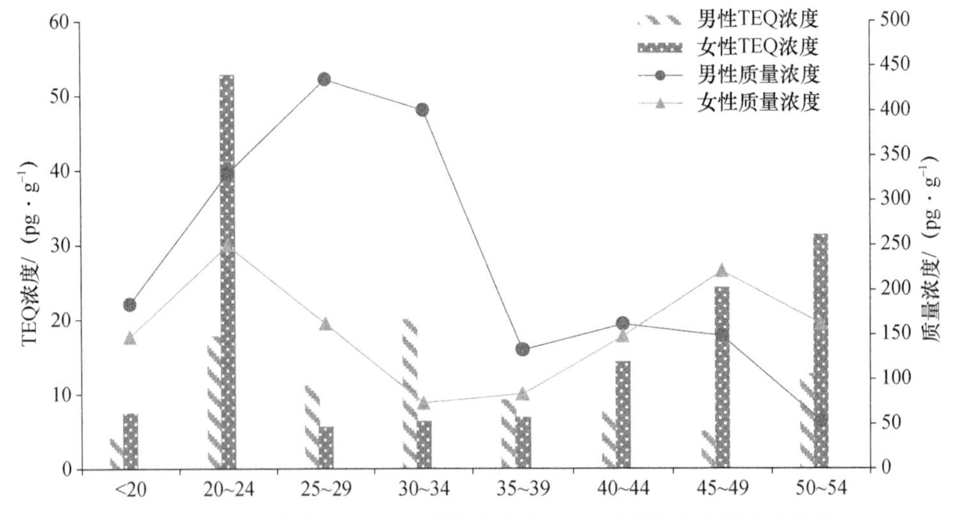

图 5.5 居民血清中 PCDD/Fs 质量浓度及 TEQ 浓度随年龄段变化趋势

研究区域所在城市是老工业城市,再生金属冶炼行业于 20 世纪 80 年代兴起,90 年代蓬勃发展。早期无序排放以及粗糙的冶炼工艺可能导致 PCDD/Fs 排放到周边环境中,造成了当地居民的暴露。基于以上分析,90 年代出生的居民更容易受到工业源排放的 PCDD/Fs 影响。在 25～54 岁的 6 个年龄段中,女性 TEQ 水平呈现随年龄增长而增长的趋势,这可能与代谢水平有关,年龄越大,代谢水平减弱,体内累积的 PCDD/Fs 越多。此外,男性与女性均未体现出 PCDD/Fs 浓度与 TEQ 的相关性。

5.1.6 小结

本节调查了我国东部典型工业城市居民血清中 PCDD/Fs 的暴露水平和组成特征,并分析了不同性别和年龄之间的差异。研究发现,该市居民血清中 PCDD/Fs 暴露水平低于湖南洞庭湖地区,其中 20～24 岁组居民血清 PCDD/Fs 浓度最高,男性血清中主要单体为OCDF和OCDD,女性为1,2,3,4,6,7,8-HpCDF、1,2,3,7,8,9-HxCDF和1,2,3,4,6,7,8-HpCDD。此外,与再生金属冶炼相关的PCDD/Fs单体在男性血清中占比也更高,可知男性比女性更容易受到工业生产的影响。在25～54岁的6个年龄段中,女性TEQ水平呈现随年龄增长而增长的趋势,这可能与人体代谢水平有关。综合来看,Penta-CDF、Hexa-CDF、Penta-CDD和Hexa-CDD是PCDD/Fs总TEQ的主要贡献同系物。在未来的研究中,需要收集更多关于食物摄入、职业暴露和其他潜在因素的信息,以阐明影响城市居民血清中PCDD/Fs分布的重要因素。

5.2 PCNs的暴露特征研究

环境介质(如空气、沉积物和土壤)中PCNs的浓度已被许多研究调查报道(Baek et al.,2008; Hogarh et al.,2012; Helm et al.,2008; Pan et al.,2011),然而,报道人体组织中PCNs的浓度研究还很有限。据我们所知,只有3项研究报道了血清中PCNs的浓度。Horii等(2010)报道了43名2002—2003年在美国世贸中心附近工作的人员血清中PCNs的浓度,三至八氯萘总浓度范围为318～5360 pg·g^{-1}脂重。Park等(2010)报道了韩国61名健康志愿者血清中四至八氯萘的浓度(平均2170 pg·g^{-1}脂重)。所有受试者的血清中PCN同类物均以四氯和五氯萘为主,最主要的贡献单体为CN-73。Fromme等(2015)调查了42份德国慕尼黑随机献血者的血浆样本中四至八氯萘的浓度(平均575 pg·g^{-1}脂重)。血浆中PCNs浓度主要贡献单体为CN-73、CN-66/67和CN-51。此外,这些研究只测定了人体血清中三氯到八氯萘的浓度,而一氯和二氯萘没有被测定。目前,尚未见研究报道我国人群血清中PCNs的暴露水平特征,所以本节首先从我国东部某沿海城市的1家工业区周边采集居民血清样本。据报道,该地区的土壤中含有极高浓度的二氯萘(Wu et al.,2018)。然后测定血清样本中的一氯至八氯萘单体浓度,并分析PCNs单体和同系物的组成特征,从而对当地人群中PCNs的来源进行鉴定。研究结果将有助于了解我国典型工业区周边居民血清中PCNs的暴露特征。

5.2.1 样品采集与分析

(1)样品采集

血清样品采集方法与相关信息详见本书5.1.1。

(2)样品预处理和分析

从冰箱取出混合血样解冻12 h,每份样品3 mL,加入一定量的PCNs内标混合物。其他步骤详见本书5.1.1。使用Trace 1310气相色谱-TSQ 8000 Evo三重四极杆质谱联用仪对PCDD/Fs的含量进行测定(详见本书2.2)。

(3)质量保证与质量控制

PCNs 单体标准品(CN-2、6/12、13、28/43、27/30、52/60、66/67、73 和 75)、工业品 Halowax 1014、^{13}C 标记标准品($^{13}C_{10}$-CN-27、42、52、67、73 和 75)和 DLM-2005-S(D_7-CN-2)用于血清样品中 PCNs 各单体的仪器测定。通过参考现有特定标准品的保留时间和定性定量离子比率来确定各单体的出峰。此外,还参考了 DB-5 柱上 PCNs 各单体的出峰顺序(Abad et al., 1999; Schneider et al., 1998)。如果气相色谱保留时间与标准化合物的保留时间相匹配,并且定量/定性离子的比率在理论值的15%以内,信噪比大于 3,则可对该峰进行定量分析。$^{13}C_{10}$-PCNs(51%~109%)和 D_7-CN-2(17%~35%)内标回收率证明了样品处理方法的有效性。一氯至八氯代萘各单体的检出限范围为 2~32 $pg \cdot g^{-1}$。在数据处理中,样品中浓度低于检测限的单体时浓度取值为 0。

(4)数据统计和分析

居民人体血清样品中 PCNs 的浓度均进行了脂重校正。采用独立样本 t 检验分析男性与女性血清中 PCNs 浓度的统计学差异。采用 SPSS13.0 进行统计学分析。

5.2.2 居民血清样品中 PCNs 的浓度与同类物组成特征

图 5.6 显示了男性和女性居民血清样品中一氯至八氯萘($\sum$PCNs)、一氯至三氯萘($\sum Cl_{1\sim3}$CNs)和四氯至八氯萘($\sum Cl_{4\sim8}$CNs)的浓度。从图中可看出男性的$\sum$PCNs 浓度(平均值±标准偏差,31400±9650 $pg \cdot g^{-1}$)似乎要高于女性(25900±10413 $pg \cdot g^{-1}$),但无统计学意义。其中,$\sum Cl_{1\sim3}$ CN 浓度占 $\sum$ PCN 浓度的 92.0%~99.4%。女性血清样品中$\sum Cl_{4\sim8}$CNs 的浓度为 267±25 $pg \cdot g^{-1}$,男性血清中为 1390±929 $pg \cdot g^{-1}$。很明显,男性血清样本的$\sum Cl_{4\sim8}$CNs 浓度显著高于女性(独立样本 t 检验,$p<0.05$)。Fromme 等(2015)报告了慕尼黑普通人群血清中 PCNs 的浓度,未观察到性别之间存在统计学显著差异。然而,一些性别上的差异在其他 POPs 中被观察到。例如,在印度东北部,男性血清中的滴滴涕总浓度平均值高于女性(Mishra et al., 2011),女性血清中有机磷农药的浓度水平较低,可能与女性特有的哺乳和月经等生理行为有关(Harris et al., 2001)。韩国男性血清样本中检出了高水平的 PCBs,而且血清中 PCBs 的浓度仅与年龄相关。

图 5.7 显示了男性和女性居民各年龄段 PCNs 同类物的组成特征。女性血清样品中一氯萘的占比(平均 9.7%)高于男性(平均 1.6%)。在 45~49 岁组和 35~39 岁组女性血清样品中,一氯萘对 PCNs 总浓度的占比较大,分别占$\sum$PCNs 浓度的 29.7%和 25.8%。总的来说,所有血清样品中二氯萘都是主要的同类物,占$\sum$PCNs 浓度的 52.7%~94.6%。20~24 岁、25~29 岁和 30~34 岁男性血清样品中 PCNs 同类物的组成分布与其他年龄段具有显著差异(图 5.7)。与其他年龄段相比,这三个年龄段二氯萘的占比相对较低。在男性 20~24 岁(11.9%和 5.0%)、25~29 岁

(17.7%和 4.8%)和 30～34 岁(38%和 6.9%)血清样品中,三氯和四氯萘对$\sum$PCNs浓度的贡献率高于其他年龄段(范围:0.9%～5.8%和 0～0.6%)。男性和女性居民血清样品中五氯萘对$\sum$PCNs 浓度的平均贡献率分别为 1.7%和 0.7%。

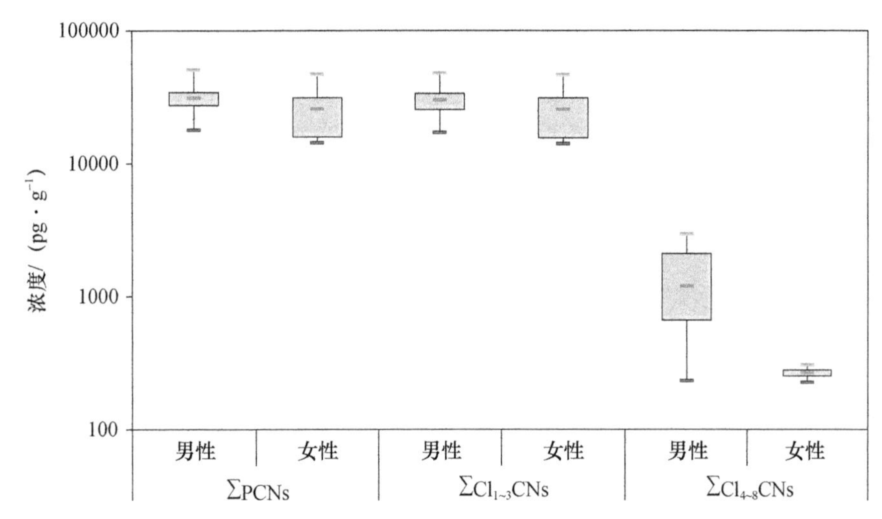

图 5.6　男性和女性居民血清样品中$\sum$PCNs)、$\sum Cl_{1\sim3}$CNs)和$\sum Cl_{4\sim8}$CNs 的浓度

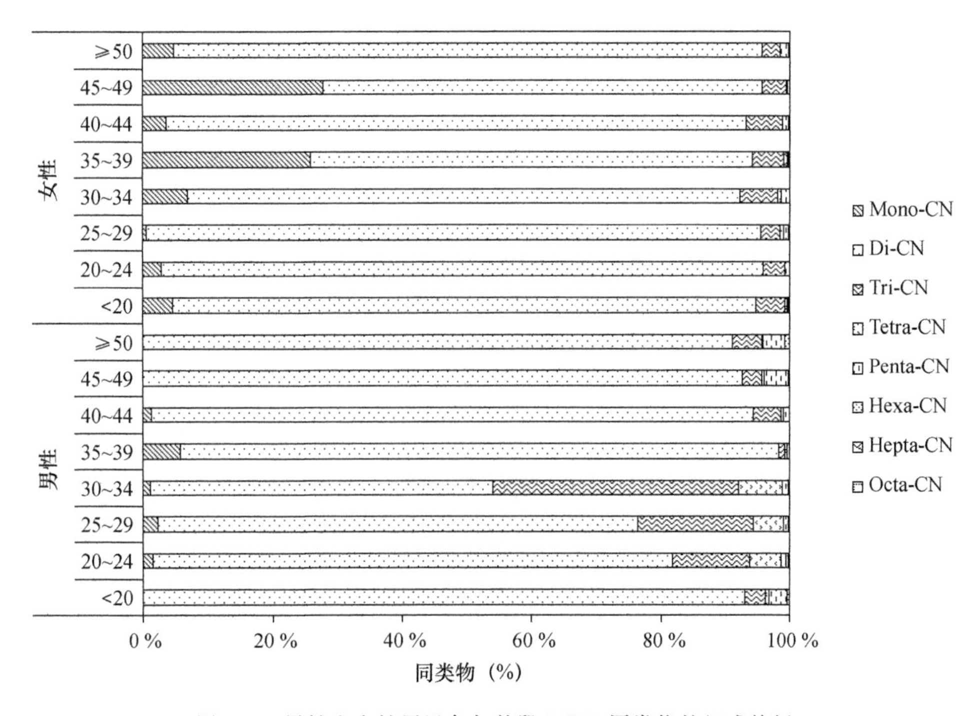

图 5.7　男性和女性居民各年龄段 PCNs 同类物的组成特征

总体上，所有居民血清样本中二氯萘的占比最大。女性居民(35～39 岁和 45～49 岁)血清样品中一氯萘的占比高于男性居民，而男性居民(20～24 岁、25～29 岁和 30～34 岁)血清样品中三氯萘的占比更高。男性居民血清样品中含有较高比例的 $\sum Cl_{4\sim8}$CNs，并且四氯萘和五氯萘的贡献率高于六氯萘、七氯萘和八氯萘。

5.2.3 居民血清中 PCNs 来源解析

在所有居民血清样品中，CN-5/7 都是最主要的贡献单体，占 ∑PCNs 浓度的 21.6%～51.1%。CN-5/7 的浓度比其他 PCNs 单体高出 1～2 个数量级。在之前的研究中，极高浓度的 CN-5/7 在同一工业区土壤样品中被检出，并且这些土壤样品中的 PCNs 单体组成与 Halowax 1000 极度相似(图 5.8)。据报道，工业热过程中 CN-5/7 的浓度相对较低(Ba et al., 2010; Hu et al., 2013b; Nie et al., 2011; Liu, 2010)。因此，血清中高浓度的 CN-5/7 可能由于当地环境被 Halowax1000 污染所致。然而，血清样本和工业产品中 PCNs 单体的组成分布间存在一些差异(图 5.8)。血清中观察到的 PCNs 单体组成的差异可能与这些 PCNs 单体在人体组织中的代谢和半衰期差异有关。

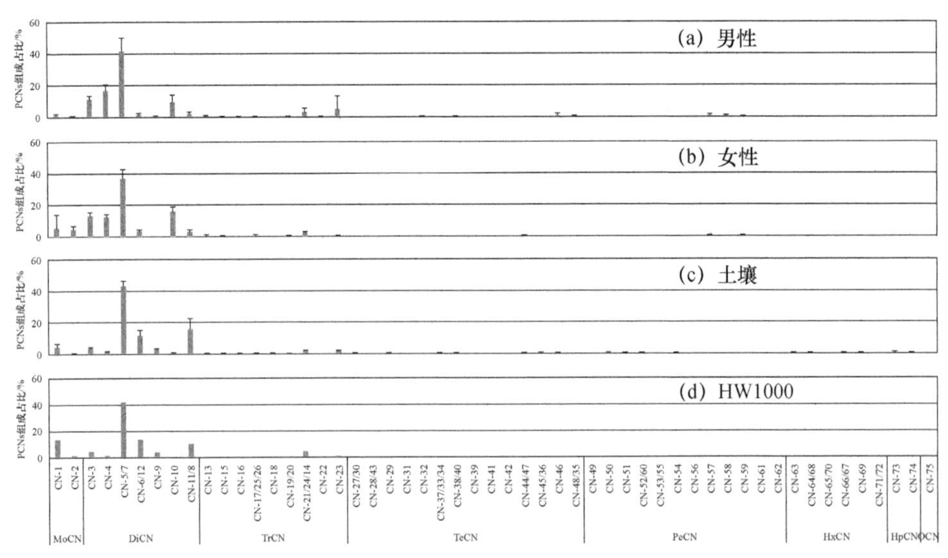

图 5.8 男性(a)和女性(b)居民血清、土壤样品(b)和 Halowax 1000(d)中 PCNs 组成分布

男性居民血清中三氯萘和四氯萘的占比高于其在女性居民血清样品中的占比(图 5.8)。调查区域内分布有 1 家再生铜冶炼厂。据报道，三氯至六氯萘在再生铜冶炼厂排放的烟道气中占主导地位(Hu et al., 2013a)。因为男性比女性更适合从事体力劳动，所以男性在工厂从事体力劳动的概率更大。因此，推测男性血清样本中的三氯萘和四氯萘可能来自于工业热过程的排放。

5.2.4 居民血清样品中 PCNs 浓度随年龄的变化趋势

持久性有机污染物(POPs)可随年龄的增长而在人体内累积,相关研究显示 PCBs、二氯二苯三氯乙烷(DDT)和有机氯农药(OCPs)呈现出这种年龄变化趋势(Lin et al., 2018; Sjodin et al., 2014)。然而,一些 POPs 未呈现出随年龄增长的趋势,如多溴联苯醚(PBDEs)、德克隆(DPs)和五溴甲苯(PBT)(Sjodin et al., 2014; Wang et al., 2014)。本节中,尽管 PCNs 在所有年龄组中没有呈现出明显的积累趋势,但除 20~29 岁和≥50 岁男性样本,$\sum$PCNs 浓度呈现出随着年龄增加而上升的趋势(见图 5.9 斜条纹柱状图)。男性从<20 岁到 25~29 岁年龄段,$\sum$PCNs 浓度呈现出急剧上升的趋势,25~29 岁的$\sum$PCNs 浓度高于其他各组。这表明,除 Halowax 1000 外 PCNs 可能还存在其他来源,并且这些 PCNs 排放源应该在 25~29 岁人群出生后才出现。Halowax 1000 中$\sum Cl_{1\sim3}$CNs 的占比例为 97.8%(Noma et al., 2004)。因此,图 5.9 中也显示了$\sum Cl_{4\sim8}$CNs 的浓度,以避免污染 PCNs 工业品的影响(Halowax 1000)。与$\sum$PCNs 相似,<20 岁至 25~29 岁男性血清样品中$\sum Cl_{4\sim8}$CNs 浓度随年龄增长而增加。大多数热相关 PCNs 单体为四氯至八氯萘(PCNs 热相关单体定义详见 1.2.3)。本研究区域位于环渤海的一座百年工业城市,上述再生铜冶炼厂建设于 20 世纪 90 年代,该工厂周边土壤中检出了高浓度的 PCNs 热相关单体(Wu et al., 2018)。年轻居民更容易接触工业热过程中排放的污染物,相比女性男性在工厂一线从事体力劳动的概率更大(通过询问再生铜冶炼厂人事部门,一线男女工人的比例为 98 : 2)。因此,与其他年龄组相比,20~24 岁、25~29 岁和 30~34 岁男性的$\sum Cl_{4\sim8}$CNs 浓度相对较高。相比之下,年轻女性各年龄段样品中$\sum Cl_{4\sim8}$CNs 浓度相对平稳且水平较低。

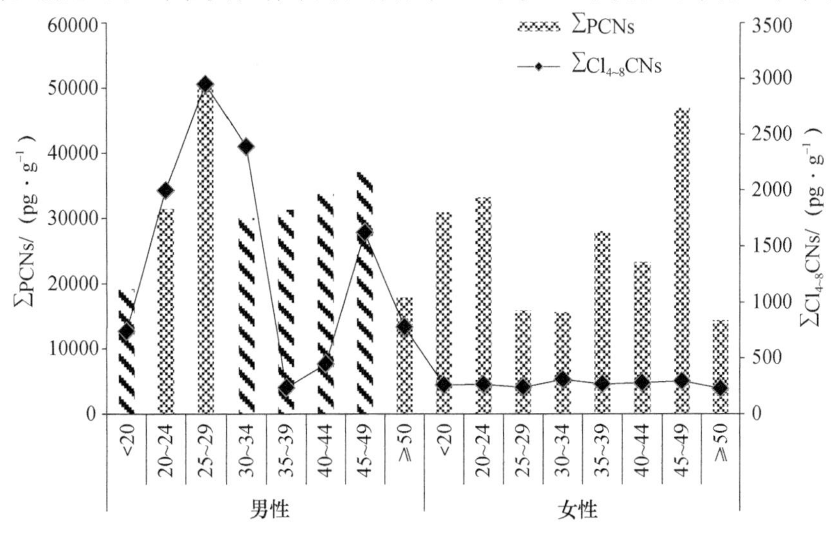

图 5.9 各年龄段男性和女性居民血清样品中$\sum$PCNs 和$\sum Cl_{4\sim8}$CNs 的浓度变化趋势

对于女性，45～49 岁年龄段血清样品中∑PCNs 的浓度最高，但各年龄段未呈现出明显的变化趋势。据报道，PCNs 具有雌激素或抗雌激素活性（Stragierowicz et al.，2018），这可能是女性血清样品没有观察到年龄变化趋势的原因。另一方面，≥50 岁男性和女性居民血清中 PCNs 的浓度都较低，≥50 岁年龄段与其他年龄段无明显关联性，这可能与老年人饮食和新陈代谢的差异有关（Asplund et al.，1994）。然而，各年龄段的样本数量有限，因此，只能根据现有数据进行分析，进一步研究有待开展。

5.2.5 居民血清中 PCNs 的浓度水平

居民血清样本中∑PCNs 浓度范围为 14300～50700 pg・g^{-1}（平均 28700 pg・g^{-1}）。75 种 PCNs 单体中，CN-3、CN-5/7、CN-4 在所有样本中均被检出，CN-39、CN-42 和 CN-75 均未被检出。此外，CN-56 仅在女性样本中被检出，CN-18、CN-21、CN-22、CN-29、CN-27/30、CN-32、CN-52/60、CN-54、CN-74 仅在男性样本中被检出。居民血清样本中 PCNs 最高浓度为 50700 pg・g^{-1}（男性 25～29 岁），最低浓度为 14300 pg・g^{-1}（女性≥50 岁）。

国内外只有少数研究报道了人体血清中 PCNs 的浓度。本研究中，$\sum Cl_{4\sim8}CNs$ 和三氯至八氯萘总浓度范围分别为 233～2960 pg・g^{-1}和 511～13800 pg・g^{-1}。与其他研究相比，本研究居民血清中 PCNs 的浓度与德国和韩国相当，高于美国（表 5.2）（Fromme et al.，2015；Horii et al.，2010；Park et al.，2010）。

表 5.2 国内外居民血清中 PCNs 的浓度 单位：pg・g^{-1}

	质量浓度				TEQ 浓度					
	$\sum Cl_{1\sim3}CNs$		$\sum Cl_{4\sim8}CNs$		PCN-TEQs[a]		PCN-TEQs[b]		PCN-TEQs[c]	
	中值	范围	中值	范围	中值	范围	中值	范围	中值	范围
美国	841	318～5360			1.96					
韩国			1930						5.880	
德国			575	101～1406			0.360			
本研究	1622	509～13788	300	227～2951	0.21	0.001～0.570	0.032	0.011～0.053	0.307	0.133～0.481

注：a 指 Noma 等（2004）使用的 RPF 值；b 指 Falandysz 等（2014）使用的 RPF 值；c 指 Puzyn 等（2007）使用的 RPF 值。

目前国际上已有公认统一的 PCDD/Fs 毒性当量因子（TEFs）。PCNs 在结构上与 PCDD/Fs 类似，并具有类似二噁英的毒性。然而，迄今为止，国际上还没有公认统一的 PCNs 毒性当量因子可用。许多研究已经评估了 PCNs 单体相对于 2,3,7,8-TCDD 的毒性换算因子（RPF）（Blankenship et al.，2000；Noma et al.，2004；Puzyn et al.，2007；Falandysz et al.，2014）。Park 等（2010）使用了 Puzyn 等（2007）总结的 15 个 RPF，Fromme 等（2015）使用了 Falandysz 等（2014）总结的 9 个

RPF 来评估人体血液中的 PCNs 的 TEQ。Horii 等(2010)使用了 8 个 RPF,范围从 0.000005 到 0.005。这些研究使用了不同的 RPF 值来计算 PCNs 的 TEQ 浓度。本研究使用 Noma 等(2004)总结的 18 个 RPF 来评估 PCNs 的 TEQ 浓度。表 5.2 将本研究居民血清中 PCNs 的 TEQ 浓度与其他研究进行对比(分别运用这些研究使用的 RPF 计算了本研究 PCNs 的 TEQ 浓度)。本研究中 PCNs 的 TEQ 浓度低于德国、韩国和美国的报道(表 5.2)(Park et al., 2010; Fromme et al., 2015; Horii et al., 2010)。

本研究男性血清样本中 PCNs 的 TEQ 浓度范围为 0.12～0.32 pg·g^{-1},CN-10、CN-66/67 和 CN-73 是 TEQ 主要的贡献单体,分别占 TEQ 总浓度的 38%、35% 和 5.8%(图 5.10)。女性血清样本中 PCNs 的 TEQ 浓度范围为 0.12～0.40 pg·g^{-1},CN-10、CN-1 和 CN-2 是 TEQ 主要的贡献单体,分别占 TEQ 总浓度的 49%、15%和 10%。值得注意的是,CN-66/67、CN-73、CN-35、CN-50 和 CN-54 都是 PCNs 热相关单体。在一些男性血清样本中,PCNs 热相关单体对 PCNs 的 TEQ 浓度贡献率超过 60%,而其在女性血清样本中仅占 9.5%。男性血清样本中 PCNs 热相关单体对 TEQ 浓度的贡献率明显高于女性,进一步证实男性居民受工业热过程的影响更大。

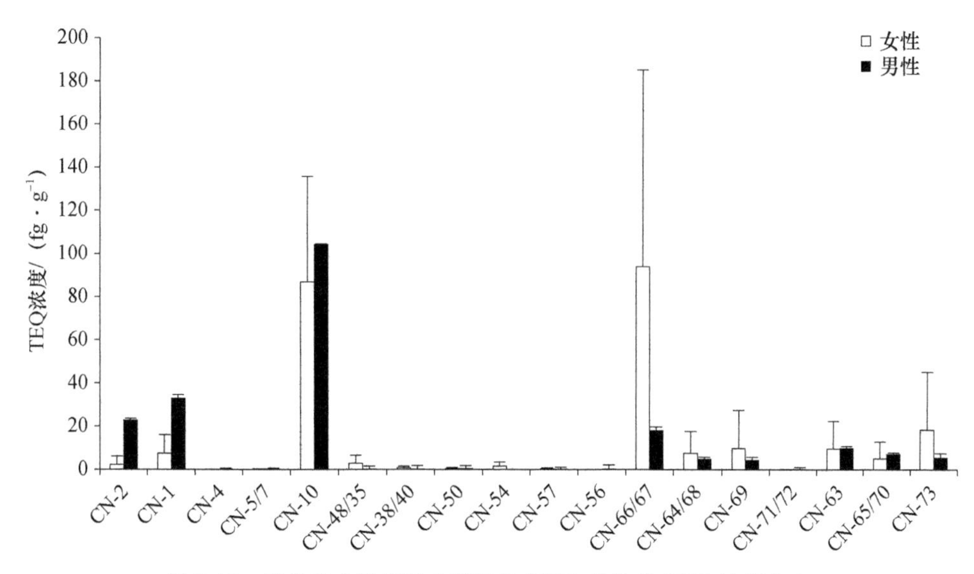

图 5.10　男性和女性居民血清样品 PCNs 单体的 TEQ 浓度分布

5.2.6　小结

本节报道了我国典型工业城市人群血清中一氯至八氯萘的暴露水平与特征。居民血清样本中高浓度 CN-5/7 可能与当地环境受到了 PCNs 工业品(Halovax 1000)污染有关。同时,男性居民可能比女性更容易受到工业热过程的影响。男性血清样本中热相关 PCNs 单体对 TEQ 浓度的贡献显著高于女性。本研究结果有助于了解典型工业城市人群血清中 PCNs 的暴露特征。

参考文献

罗挺，陈敏慧，罗云程，等，2019. 二噁英暴露与 6 种疾病流行：越南成年男性的健康研究[J]. 环境化学，38(8)：1669-1675.

ABAD E，CAIXACH J，RIVERA J，1999. Dioxin like compounds from municipal waste incinerator emissions：assessment of the presence of polychlorinated naphthalenes[J]. Chemosphere，38(1)：109-120.

ASPLUND L，JAKOBSSON E，HAGLUND P，et al，1994. Hexachloronaphthalene and 1,2,3,4,6,7-hexachloronaphthalene selective retention in rat liver and appearance in wildlife[J]. Chemosphere，28(12)：2075-2086.

BA T，ZHENG M，ZHANG B，et al，2009. Estimation and characterization of PCDD/Fs and dioxin-like PCBs from secondary copper and aluminum metallurgies in China[J]. Chemosphere，75(9)：1173-1178.

BA T，ZHENG M H，ZHANG B，et al，2010. Estimation and congener-specific characterization of polychlorinated naphthalene emissions from secondary nonferrous metallurgical facilities in China [J]. Journal of Environmental Science and Technology，44(17)：2441-2446.

BABA T，ITO S，YUASA M，et al，2018. Association of prenatal exposure to PCDD/Fs and PCBs with maternal and infant thyroid hormones：the hokkaido study on environment and children's health[J]. Science of the total Environment，615：1239-1246.

BAEK S Y，CHOI S D，LEE S J，et al，2008. Assessment of the spatial distribution of coplanar PCBs，PCNs and PBDEs in a multi-industry region of South Korea using passive air samplers[J]. Journal of Environmental Science and Technology，42(19)：7336-7340.

BLANKENSHIP A L，KANNAN K，VILLALOBOS S A，et al，2000. Relative Potencies of Individual Polychlorinated Naphthalenes and Halowax Mixtures To Induce Ah Receptor-Mediated Responses[J]. Environtal Science Technology，34(15)：3153-3158.

FALANDYSZ J，FERNANDES A，GREGORASZCZUK E，et al，2014. The toxicological effects of halogenated naphthalenes：a review of aryl hydrocarbon receptor-mediated (dioxin-like) relative potency factors[J]. Journal of Environmental Science and Health，Part C，32(3)：239-272.

FLESCH-JANYS D，1996. Elimination of polychlorinated dibenzo-p-dioxins and dibenzofurans in occupationally exposed persons[J]. Journal of Toxicology and Environmental Health，47(4)：363-378.

FROMME H，CEQUIER E，KIM J T，et al，2015. Persistent and emerging pollutants in the blood of German adults：occurrence of dechloranes，polychlorinated naphthalenes，and siloxanes [J]. Environment International，85：292-298.

GONZALEZ C A，KOGEVINAS M，HUICI A，et al，1998. Blood levels of polychlorinated dibenzodioxins，polychlorinated dibenzofurans and polychlorinated biphenyls in the general population of a Spanish Mediterranean city[J]. Chemosphere，36(3)：419-426.

HARRIS C A, WOOLRIDGE M W, HAY A W M, 2001. Factors a ecting the transfer of organochlorine pesticide residues to breastmilk[J]. Chemosphere, 43(2): 243-256.

HELM P A, GEWURTZ S B, WHITTLE D, et al, 2008. Occurrence and biomagnification of polychlorinated naphthalenes and non- and mono-ortho PCBs in Lake Ontario Sediment and Biota [J]. Journal of Environmental Science and Technology, 42(4): 1024-1031.

HOGARH J N, SEIKE N, KOBARA Y, et al, 2012. Atmospheric polychlorinated naphthalenes in Ghana[J]. Journal of Environmental Science and Technology, 46(5): 2600-2606.

HORII Y, JIANG Q, HANARI N, et al, 2010. Polychlorinated dibenzo-p-dioxins, dibenzofurans, biphenyls, and naphthalenes in Plasma of workers deployed at the world trade center after the collapse[J]. Journal of Environmental Science and Technology, 44(13): 5188-5194.

HSU J F, CHANG Y C, LIAO P C, 2010. Age-dependent congener profiles of polychlorinated dibenzo-p-dioxins and dibenzofurans in the general population of Taiwan[J]. Chemosphere, 81 (4): 469-477.

HU J, ZHENG M, LIU W, et al, 2013a. Occupational exposure to polychlorinated dibenzo-p-dioxins and dibenzofurans, dioxin-like polychlorinated biphenyls, and polychlorinated naphthalenes in workplaces of secondary nonferrous metallurgical facilities in China[J]. Journal of Environmental Science and Technology, 47(14): 7773-7779.

HU J, ZHENG M, LIU W, et al, 2013b. Characterization of polychlorinated naphthalenes in stack gas emissions from waste incinerators[J]. Environmental Science and Pollution Research International, 20(5): 2905-2911.

LIN M, MA Y, YUAN H, et al, 2018. Temporal trends in dioxin-like polychlorinated biphenyl concentrations in serum from the general population of Shandong Province, China: A longitudinal study from 2011 to 2017[J]. Environmental Pollution, 243: 59-65.

LIU G R, ZHENG, M H, LV, P, et al, 2010. Estimation and characterization of polychlorinated naphthalene emission from coking industries[J]. Journal of Environmental Science and Technology, 44(21): 8156-8161.

MISHRA K, SHARMA R C, KUMAR S, 2011. Organochlorine pollutants in human blood and their relation with age, gender and habitat from North-east India[J]. Chemosphere, 85(3): 454-64.

NIE Z, ZHENG M, LIU W, et al, 2011. Estimation and characterization of PCDD/Fs, dl-PCBs, PCNs, HxCBz and PeCBz emissions from magnesium metallurgy facilities in China[J]. Chemosphere, 85(11): 1707-1712.

NOMA Y, YAMAMOTO T, SHIN-ICHISAKAI, 2004. Congener-specific composition of polychlorinated naphthalenes, coplanar PCBs, dibenzo-p-dioxins, and dibenzofurans in the halowax series[J]. Journal of Environmental Science and Technology, 38(6): 1675-1680.

PAN X, TANG J, CHEN Y, et al, 2001. Polychlorinated naphthalenes (PCNs) in riverine and marine sediments of the Laizhou Bay area, North China[J]. Environmental Pollution, 159(12): 3515-3521.

PÄPKE O, BECHER H, et al, 1998. PCDD/PCDF: Human Background Data for Germany, a 10-

Year Experience[J]. Environmental Health Perspectives Supplements, 106: 723-731 .

PARK H, KANG J H, BAEK S Y, et al, 2010. Relative importance of polychlorinated naphthalenes compared to dioxins, and polychlorinated biphenyls in human serum from Korea: contribution to TEQs and potential sources[J]. Environmental Pollution, 158(5): 1420-1427.

PUZYN T, FALANDYSZ J, JONES P D, et al, 2007. Quantitative structure-activity relationships for the prediction of relative in vitro potencies (REPs) for chloronaphthalenes[J]. Journal of Environmental Science and Health, Part A, 42(5): 573-590.

SCHNEIDER M, STIEGLITZ L, WILL R, et al, 1998. Formation of polychlorinated naphthalenes on fly ash[J]. Chemosphere, 37(9-12): 2055-2070.

SCHUHMACHER M, DOMINGO J L, LLOBET J M, et al, 1999. Dioxin and dibenzofuran concentrations in blood of a general population from Tarragona, Spain[J]. Chemosphere, 38(5): 1123-1133.

SJODIN A, JONES R S, CAUDILL S P, et al, 2014. Polybrominated diphenyl ethers, polychlorinated biphenyls, and persistent pesticides in serum from the national health and nutrition examination survey: 2003-2008[J]. Journal of Environmental Science and Technology, 48(1): 753-760.

STRAGIEROWICZ J, BRUCHAJZER E, DARAGO A, et al, 2018. Hexachloronaphthalene (HxCN) as a potential endocrine disruptor in female rats[J]. Environmental Pollution, 243: 1026-1035.

SWEETMAN A J, ALCOCK R E, WITTSIEPE J, et al, 2000. Human exposure to PCDD/Fs in the UK: the development of a modelling approach to give historical and future perspectives[J]. Environment International, 26(1/2): 37-47.

WANG Y, XU M, JIN J, et al, 2014. Concentrations and relationships between classes of persistent halogenated organic compounds in pooled human serum samples and air from Laizhou Bay, China[J]. Science of the total Environment, 482-483: 276-282.

WITTSIEPE J, FüRST P, SCHREY P, et al, 2007. PCDD/F and dioxin-like PCB in human blood and milk from German mothers[J]. Chemosphere, 67(9): S286-S294.

WITTSIEPE J, FOBIL J N, TILL H, et al, 2015. Levels of polychlorinated dibenzo-p-dioxins, dibenzofurans (PCDD/Fs) and biphenyls (PCBs) in blood of informal e-waste recycling workers from Agbogbloshie, Ghana, and controls[J]. Environment International, 79: 65-73.

WU J, HU J, WANG S, et al, 2018. Levels, sources, and potential human health risks of PCNs, PCDD/Fs, and PCBs in an industrial area of Shandong Province, China[J]. Chemosphere, 199: 382-389.

XIAO K, ZHAO X, LIU Z, et al, 2010. Polychlorinated dibenzo-p-dioxins and dibenzofurans in blood and breast milk samples from residents of a schistosomiasis area with Na-PCP application in China[J]. Chemosphere, 79(7): 740-744.

ZUBERO M B, EGUIRAUN E, AURREKOETXEA J J, et al, 2017. Changes in serum dioxin and PCB levels in residents around a municipal waste incinerator in Bilbao, Spain[J]. Environmental Research, 156: 738-746.